Berichte zur Lebensmittelsicherheit 2013

Berichte zur Lebensmittelsicherheit 2013

Nationale Berichterstattung an die EU
Nationaler Rückstandskontrollplan (NRKP)
Einfuhrüberwachungsplan (EÜP)

BVL-Reporte

IMPRESSUM

Bibliografische Information der Deutschen Bibliothek

Die Deutsche Bibliothek verzeichnet diese Publikation in der Deutschen Nationalbibliografie; detaillierte bibliografische Daten sind im Internet über http://dnb.ddb.de abrufbar.

ISBN 978-3-319-20857-2
ISBN 978-3-319-20858-9 (eBook)
DOI 10.1007/978-3-319-20858-9
Springer Basel Dordrecht London New York

Herausgeber:	Bundesamt für Verbraucherschutz und Lebensmittelsicherheit (BVL) Dienststelle Berlin Mauerstraße 39 – 42 D-10117 Berlin
Schlussredaktion:	Herr K. Bentlage (kb-lektorat), Frau Dr. S. Dombrowski (BVL, Pressestelle)
Redaktion:	Nationale Berichterstattung an die EU: Frau Dr. B. Schmidt-Faber, Herr L. Duchowski (beide BVL, Ref. 107) NRKP und EÜP: Frau Dr. I. More, Frau H. Forchheim (beide BVL, Ref. 106)
ViSdP:	Frau N. Banspach (BVL, Pressestelle)
Umschlaggestaltung:	deblik, Berlin
Titelbild:	© Kadmy – Fotolia.com
Satz:	le-tex publishing services GmbH

Gedruckt auf säurefreiem und chlorfrei gebleichtem Papier

Springer Basel ist Teil der Fachverlagsgruppe Springer Science+Business Media (www.springer.com)

Inhaltsverzeichnis

Nationale Berichterstattung an die EU

1

1.1 Übersicht

Tabelle 1.1 gibt einen Überblick über die Berichtspflichten, die als Teil der nationalen Berichterstattung an die Europäische Union (EU) seit 2005 Gegenstand der Berichte zur Lebensmittelsicherheit sind. Die Berichtspflichten sind nach dem Datum der aktuellen Rechtsgrundlage geordnet. Alte Rechtsgrundlagen sowie der aktuelle Status (z. B. aufgehoben, übergegangen) sind ebenfalls erfasst.

1.2 Bericht über die Veterinärkontrollen von aus Drittländern eingeführten Erzeugnissen an den Grenzkontrollstellen der Gemeinschaft

1.2.1 Anlass der Kontrolle und Rechtsgrundlage

Veterinärkontrollen von Erzeugnissen aus Drittländern sind ein wichtiger Bestandteil allgemeiner Vorkehrungen zum Gesundheitsschutz von Mensch und Tier. Grundregeln für Veterinärkontrollen werden in der Richtlinie 97/78/EG[1] festgelegt. Sie gelten insbesondere für Erzeugnisse tierischen Ursprungs und für pflanzliche Erzeugnisse, die Krankheiten auf Tiere übertragen können (z. B. Heu oder Stroh). Die Kontrollen werden an den Grenzkontrollstellen der Mitgliedstaaten unter Verantwortung eines amtlichen Tierarztes durchgeführt und umfassen Dokumentenprüfung, Nämlichkeitskontrolle und Warenuntersuchung.

Verfahrensvorschriften für die Kontrollen sind in der Verordnung (EG) Nr. 136/2004[2] enthalten. Dieser Verordnung zufolge sind alle Informationen über ein Erzeugnis aus einem Drittland in einem einheitlichen Dokument zusammenzufassen, dem Gemeinsamen Veterinärdokument für die Einfuhr (GVDE). Eine Dokumentenprüfung ist bei allen Sendungen durchzuführen, wohingegen Laboruntersuchungen nach einem nationalen Überwachungsplan erfolgen. Die positiven und negativen Ergebnisse der Laboruntersuchungen teilen die Mitgliedstaaten der EU-Kommission monatlich mit.

1.2.2 Ergebnisse

Im Jahr 2013 wurden bei Veterinärkontrollen an den Grenzkontrollstellen insgesamt 2.007 Proben von über 50 Drittländern eingeführten Erzeugnissen untersucht und dabei verschiedenen Analysen unterzogen. Die Lebensmittelproben stammten in der Mehrzahl aus China (Fischereierzeugnisse, Honig, Kauspielzeug), Brasilien (Fleisch und Fleischerzeugnisse), Thailand (Fischerei- und Geflügelerzeugnisse), Vietnam (Fischereierzeugnisse), Argentinien (Rindfleisch, Honig) und den USA (Eiprodukte). Detaillierte Auswertungen zu den Veterinärkontrollen an den Grenzkontrollstellen hinsichtlich der Beanstandungen durch die Länder bzw. der Überschreitungen von gesetzlich festgelegten Höchstgehalten sind in Abschnitt 2.3.4 zu finden.

1.3 Bericht über die verstärkten amtlichen Kontrollen bei der Einfuhr bestimmter Futter- und Lebensmittel nicht tierischen Ursprungs

1.3.1 Anlass der Kontrolle und Rechtsgrundlage

Beim Import von Futter- und Lebensmitteln nicht tierischen Ursprungs in die Europäische Union sind gemäß der Verordnung (EG) Nr. 882/2004[3] durch die Mitglied-

[1] Richtlinie 97/78/EG des Rates vom 18. Dezember 1997 zur Festlegung von Grundregeln für die Veterinärkontrollen von aus Drittländern in die Gemeinschaft eingeführten Erzeugnissen.

[2] Verordnung (EG) Nr. 136/2004 der Kommission vom 22. Januar 2004 mit Verfahren für die Veterinärkontrollen von aus Drittländern eingeführten Erzeugnissen an den Grenzkontrollstellen der Gemeinschaft.

[3] Verordnung (EG) Nr. 882/2004 des Europäischen Parlaments und des Rates vom 29. April 2004 über amtliche Kontrollen zur Überprüfung der Einhaltung des Lebensmittel- und Futtermittelrechts sowie der Bestimmungen über Tiergesundheit und Tierschutz.

Berichte zur Lebensmittelsicherheit 2013, BVL-Reporte, DOI 10.1007/978-3-319-20858-9_1,

Tab. 1.1 Übersicht über die in den Berichten zur Lebensmittelsicherheit aufgeführten Berichtspflichten seit 2005

Rechtsgrundlage	Schlagwort	alte Rechtsgrundlage	Bemerkungen
RL 89/397/EWG[a]	amtliche Lebensmittelüberwachung, Trendanalyse		übergegangen in MNKP-Bericht[a] (VO (EG) Nr. 882/2004)
RL 1999/2/EG[a] und Lebensmittelbestrahlungs-verordnung	Bestrahlung von Lebensmitteln		
VO (EG) Nr. 136/2004[a]	Grenzkontrolluntersuchungen		
Entscheidung der KOM[a] 2005/402/EG	Sudanrot in Chilis und Chilierzeugnissen, Kurkuma, Palmöl		aufgehoben und teilweise übergegangen in VO (EG) Nr. 669/2009
Entscheidung der KOM 2006/27/EG	Stoffe mit hormonaler Wirkung und Beta-Agonisten in Pferdefleisch aus Mexiko		
Entscheidung der KOM 2006/236/EG	pharmakologisch wirksame Stoffe in Fischereierzeugnissen aus Indonesien		jetzt Beschluss der KOM 2010/220/EU
VO (EG) Nr. 1881/2006 VO (EG) Nr. 1152/2009	Aflatoxine in verschiedenen Lebensmitteln aus Drittländern	Entscheidung der KOM 2006/504/EG	
VO (EG) Nr. 1881/2006	Ochratoxin A in verschiedenen Lebensmitteln	VO (EG) Nr. 466/2001	
VO (EG) Nr. 1881/2006	Fusarientoxine vor allem in Getreide und Getreideerzeugnissen		
VO (EG) Nr. 1881/2006	Nitrat in Gemüse	VO (EG) Nr. 466/2001	
Empfehlung der KOM 2007/196/EG	Monitoring Furan in hitzebehandelten Lebensmitteln		
Entscheidung der KOM 2007/642/EG	Histamin in Fischereierzeugnissen aus Albanien		
VO (EG) Nr. 601/2008	Schwermetalle und Sulfite in Fischereierzeugnissen aus Gabun		aufgehoben (EU Nr. 1114/2011)
Entscheidung der KOM 2008/433/EG	Mineralöl in Sonnenblumenöl aus der Ukraine		aufgehoben durch VO (EG) Nr. 1151/2009
VO (EG) Nr. 669/2009	pflanzliche Importkontrollen		
VO (EG) Nr. 1048/2009 VO (EG) Nr. 1635/2006	Tschernobyl	VO (EG) Nr. 733/2008 VO (EWG) Nr. 737/90	
VO (EG) Nr. 1135/2009	Melamin in Lebensmitteln aus China	Entscheidung der KOM 2008/798/EG Entscheidung der KOM 2008/757/EG	
VO (EU) Nr. 258/2010	Pentachlorphenol und Dioxine in Guarkernmehl aus Indien	Entscheidung der KOM 2008/352/EG	
Entscheidung der KOM 2009/835/EG	Amitraz in Birnen aus der Türkei		beendet seit 24.01.2010, jetzt VO (EG) Nr. 669/2009
Empfehlung der KOM 2010/133/EU	Ethylcarbamat in Steinobstbränden		
Beschluss der KOM 2010/220/EU	Pharmakologisch wirksame Stoffe in Zuchtfischereierzeugnissen aus Indonesien		aufgehoben (Durchführungsbeschluss 2012/690/EU)
Beschluss der KOM 2010/381/EU	pharmakologisch wirksame Stoffe in Aquakulturerzeugnissen aus Indien		hervorgegangen aus Entscheidung der KOM 2009/727/EG
Beschluss der KOM 2010/387/EU	pharmakologisch wirksame Stoffe in Krustentieren aus Bangladesch	Entscheidung der KOM 2008/630/EG	aufgehoben (2011/742/EU)
VO (EU) Nr. 284/2011	Polyamid- und Melamin Kunststoffküchenartikel aus China		
Durchführungsverordnung (EU) Nr. 91/2013	Pflanzliche Importkontrollen Erdnüsse, Okra, Curryblätter, Wassermelonenkerne		

[a] VO = Verordnung, RL = Richtlinie, KOM = Europäische Kommission, EWG = Europäische Wirtschaftsgemeinschaft, EG = Europäische Gemeinschaft, EU = Europäische Union, MNKP = mehrjähriger nationaler Kontrollplan

staaten regelmäßige Kontrollen durchzuführen. Dazu ist die Erstellung einer Liste von Futter- und Lebensmitteln vorgesehen, die aufgrund bekannter oder neu auftretender Risiken einer verstärkten Kontrolle unterliegen sollen. Eine solche Übersicht und Bestimmungen für verstärkte amtliche Kontrollen sind Gegenstand der Verordnung (EG) Nr. 669/2009[4]. Anhang I der Verordnung, eine Übersicht über die zu kontrollierenden Produkte, wird vierteljährlich aktualisiert, um auf neu auftretende Risiken zu reagieren.

Damit die Vorgehensweise bei den amtlichen Kontrollen in den Mitgliedstaaten einheitlich ist, wird in der Verordnung (EG) Nr. 669/2009 ein sogenanntes „gemeinsames Dokument für die Einfuhr" (GDE) von Futter- und Lebensmitteln nicht tierischen Ursprungs vorgegeben. Im Rahmen der Kontrolle erfolgt bei allen Sendungen eine Dokumentenprüfung, wohingegen die Häufigkeit von Warenuntersuchungen und Nämlichkeitskontrollen in Anhang I festgelegt wird. Die Mitgliedstaaten erstatten der EU-Kommission vierteljährlich Bericht über die Kontrollen.

1.3.2 Ergebnisse

Im Berichtsjahr 2013 war ein mögliches Vorhandensein von Mykotoxinen, Pestizidrückständen, Salmonellen, Norovirus, Hepatitis A und Aluminium Anlass für verstärkte Kontrollen von Futter- und Lebensmitteln nicht tierischen Ursprungs. Die Ergebnisse sind in Tabelle 1.2 dargestellt.

Bezüglich einer möglichen Gefahr durch Aflatoxine waren Erdnüsse und daraus hergestellte Erzeugnisse aus 4 verschiedenen Ursprungsländern (Brasilien, Ghana, Indien und Südafrika) verstärkt zu kontrollieren. Außerdem wurden verschiedene Gewürze aus Indien und Indonesien, Haselnüsse aus Aserbaidschan sowie Wassermelonenkerne aus Nigeria und Sierra Leone auf das Vorkommen von Aflatoxinen und getrocknete Weintrauben aus Usbekistan und Afghanistan auf Ochratoxin A untersucht. Von diesen wurden 4,5 % der Sendungen, die sich einer Laboruntersuchung unterzogen, beanstandet.

Verschiedene Obst- und Gemüsesorten sowie verschiedene Kräuter und Tees aus 10 Ursprungsländern (Dominikanische Republik, Indien, Thailand, Türkei, China, Vietnam, Kenia, Marokko, Nigeria und Ägypten) wurden im Hinblick auf mögliche Pestizidrückstände verstärkt kontrolliert. Insgesamt lag die Beanstandungsrate bei den Pestizidrückständen bei ca. 5,7 % der im Labor untersuchten Sendungen.

Getrocknete Nudeln aus China wurden auf Aluminium verstärkt kontrolliert. Verschiedene Gewürze aus Thailand wurden auf Salmonellen und Erdbeeren aus China auf das Vorhandensein des Norovirus und Hepatitis A untersucht (jeweils keine Beanstandungen).

1.4 Bericht über die verstärkten amtlichen Kontrollen bei der Einfuhr bestimmter Futter- und Lebensmittel nicht tierischen Ursprungs: Erdnüsse, Okra, Curryblätter und Wassermelonenkerne

1.4.1 Anlass der Kontrolle und Rechtsgrundlage

Beim Import von Futter- und Lebensmitteln nicht tierischen Ursprungs in die Europäische Union sind gemäß der Verordnung (EG) Nr. 882/2004[5] durch die Mitgliedstaaten regelmäßige Kontrollen durchzuführen. Mit der Verordnung (EG) Nr. 669/2009 zur Durchführung der Verordnung (EG) Nr. 882/2004 wurden verstärkte Kontrollen bei der Einfuhr bestimmter Futter- und Lebensmittel nicht tierischen Ursprungs festgelegt. Dies betraf unter anderem die Einfuhr von Erdnüssen sowie Curryblättern und Okra aus Indien (Aflatoxine bzw. Rückstände von Pflanzenschutzmitteln), von Erdnüssen aus Ghana und Wassermelonenkernen aus Nigeria (jeweils Aflatoxine). Da die Ergebnisse dieser verstärkten Kontrollen ein kontinuierliches hohes Maß an Nichteinhaltung der jeweiligen Höchstgehalte zeigten, teilweise mehrmals extrem hohe Werte festgestellt wurden und die Behörden Indiens, Nigerias und Ghanas der Kommission keinen zufriedenstellenden Aktionsplan zur Behebung der Mängel vorlegten, hat die Kommission die Durchführungsverordnung (EU) Nr. 91/2013[6] erlassen. Danach muss allen Sendungen mit Erdnüssen aus Indien und Ghana, Wassermelonenkernen aus Nigeria sowie Curryblättern und Okra aus Indien eine Bescheinigung beigelegt sein, aus der hervorgeht, dass die Analysenergebnisse der von den Erzeugnissen genommenen Proben den Unionsvorschriften entsprechen. Außerdem wurden Mischfuttermittel und zusammengesetzte Lebensmittel in den Geltungsbereich der Verord-

[4] Verordnung (EG) Nr. 669/2009 der Kommission vom 24. Juli 2009 zur Durchführung der Verordnung (EG) Nr. 882/2004 des Europäischen Parlaments und des Rates im Hinblick auf verstärkte amtliche Kontrollen bei der Einfuhr bestimmter Futter- und Lebensmittel nicht tierischen Ursprungs und zur Änderung der Entscheidung 2006/504/EG.

[5] Verordnung (EG) Nr. 882/2004 des Europäischen Parlaments und des Rates vom 29. April 2004 über amtliche Kontrollen zur Überprüfung der Einhaltung des Lebensmittel- und Futtermittelrechts sowie der Bestimmungen über Tiergesundheit und Tierschutz.

[6] Durchführungsverordnung (EU) Nr. 91/2013 der Kommission vom 31. Januar 2013 zur Festlegung besonderer Bedingungen für die Einfuhr von Erdnüssen aus Ghana und Indien, Okra und Curryblättern aus Indien sowie Wassermelonenkernen aus Nigeria und zur Änderung der Verordnung (EG) Nr. 669/2009 und (EG) Nr. 1152/2009 der Kommission.

Tab. 1.2 Ergebnisse der verstärkten amtlichen Kontrollen nach VO (EG) Nr. 669/2009 bei der Einfuhr bestimmter Futter- und Lebensmittel nicht tierischen Ursprungs in Deutschland für das Berichtsjahr 2013

Produkte	Gefahr	Häufigkeit von Warenuntersuchungen [%][a]	Ursprungsland	Anzahl eingegangener Sendungen	Anzahl Laboruntersuchungen	Anzahl der Beanstandungen
	Mykotoxine					
Erdnüsse und Verarbeitungsprodukte	Aflatoxine	10	Brasilien	11	1	0[b]
		50	Ghana	–	–	–[c]
		20	Indien	7	2	1
		10	Südafrika	–	–	–
Gewürze	Aflatoxine	10	Indien	345	23	1
Wassermelonenkerne	Aflatoxine	50	Nigeria, Sierra Leone	1	0	1
Gewürze	Aflatoxine	20	Indonesien	135	25	1
getrocknete Weintrauben	Ochratoxin A	50	Usbekistan, Afghanistan	28	15	0
Haselnüsse	Aflatoxine	10	Aserbaidschan	2	0	0
	Pestizide					
verschiedenes Obst und Gemüse (einschließlich Mango)	Pestizidrückstände	10/20	Dominikanische Republik	2.222	271	17
Gemüse	Pestizidrückstände	10	Türkei	34	5	0
Gemüse	Pestizidrückstände	20	Thailand, Vietnam	610	79	8
Kräuter	Pestizidrückstände	10/20	Thailand, Vietnam	271	28	1
Obst und Gemüse	Pestizidrückstände	10	Ägypten	472	48	5
Curryblätter	Pestizidrückstände	50	Indien	20	6	2
Pomelos	Pestizidrückstände	20	China	660	118	0
Brassica oleracea	Pestizidrückstände	10	China	–	–	–
Okra	Pestizidrückstände	50	Indien	316	75	9
Hülsenfrüchte	Pestizidrückstände	10	Kenia	2.442	283	9
Teeblätter, auch aromatisiert	Pestizidrückstände	10	China	1.334	85	3
Paprika	Pestizidrückstände	10	Ägypten	28	3	0
Minze	Pestizidrückstände	10	Marokko	124	18	4
getrocknete Bohnen	Pestizidrückstände	50	Nigeria	1	0	0
	Andere					
getrocknete Nudeln	Aluminium	10	China	976	111	0
Kräuter (u. a. Basilikum, Minze, Koriander)	Salmonellen	10	Thailand	361	16	0
Wassermelone	Salmonellen	10	Brasilien	7	1	0
Erdbeeren	Norovirus, Hepatitis A	5	China	537	41	0

[a] nach Verordnung (EG) Nr. 669/2004
[b] „eindeutige" Null, d. h. Untersuchung führte zu keiner Beanstandung
[c] Es gibt keine Aussage zur Beanstandungsrate, da keine Untersuchung durchgeführt wurde.

Tab. 1.3 Ergebnisse der verstärkten amtlichen Kontrollen nach DVO (EU) Nr. 91/2013 bei der Einfuhr bestimmter Futter- und Lebensmittel nicht tierischen Ursprungs in Deutschland für das Berichtsjahr 2013

Produkte	Gefahr	Häufigkeit von Warenuntersuchungen [%][a]	Ursprungsland	Anzahl eingegangener Sendungen	Anzahl Laboruntersuchungen	Anzahl der nicht zufriedenstellenden Untersuchungen
	Pestizide					
Okra	Pestizidrückstände	20	Indien	138	21	1
Curryblätter	Pestizidrückstände	20	Indien	0	–	–
	Mykotoxine					
Erdnüsse und Verarbeitungsprodukte	Aflatoxine	50	Ghana	0	–	–
Erdnüsse und Verarbeitungsprodukte	Aflatoxine	20	Indien	0	–	–
Wassermelonenkerne	Aflatoxine	50	Nigeria	0	–	–

nung aufgenommen. Im Rahmen der Kontrolle erfolgt bei allen Sendungen eine Dokumentenprüfung, wohingegen die Häufigkeit von Warenuntersuchungen und Nämlichkeitskontrollen in Anhang I festgelegt wird. Die Mitgliedstaaten erstatten der EU-Kommission vierteljährlich Bericht über die Kontrollen.

1.4.2 Ergebnisse

Für 2013 wurden 138 Lebensmittelproben Okra aus Indien gemeldet. Von diesen wurden 21 Proben im Labor auf das Vorhandensein von Pestizidrückständen untersucht. Ein Ergebnis wurde als nicht zufriedenstellend gemeldet (Tab. 1.3).

1.5 Bericht über die Überprüfung von Fischereierzeugnissen aus Albanien

1.5.1 Anlass der Kontrolle und Rechtsgrundlage

Gemäß der Verordnung (EG) Nr. 178/2002[7] müssen entsprechende Maßnahmen getroffen werden, wenn davon auszugehen ist, dass ein aus einem Drittland eingeführtes Lebensmittel wahrscheinlich ein ernstes Risiko für die Gesundheit von Mensch oder Tier oder für die Umwelt darstellt. Weiterhin müssen Lebensmittelunternehmer gemäß Verordnung (EG) Nr. 853/2004[8] sicherstellen, dass in Fischereierzeugnissen die Grenzwerte für Histamin nicht überschritten werden.

Im Rahmen eines Inspektionsbesuches der Europäischen Gemeinschaft in Albanien im Jahr 2007 wurde festgestellt, dass die albanischen Behörden nur begrenzt in der Lage waren, die erforderlichen Kontrollen durchzuführen, insbesondere, um Histamin in Fisch und Fischereierzeugnissen zu ermitteln.

Daraufhin wurde die Entscheidung 2007/642/EG[9] erlassen. Diese regelt, dass die Mitgliedstaaten die Einfuhr der genannten Erzeugnisse nur dann erlauben, wenn ihnen die Ergebnisse einer in Albanien bzw. von einem ausländischen akkreditierten Labor vor dem Versand vorgenommenen analytischen Untersuchung auf Histamin beiliegen und aus diesen hervorgeht, dass der Histamingehalt unterhalb der in der Verordnung (EG) Nr. 2073/2005[10] festgelegten Grenzwerte liegt. Diese Untersuchungen müssen gemäß dem in der Verordnung (EG) Nr. 2073/2005 genannten Probenahme- und Analyseverfahren durchgeführt werden.

1.5.2 Ergebnisse

Im Berichtszeitraum 2013 wurden, wie auch in den vorangegangenen Jahren, keine entsprechenden Untersuchungsergebnisse und Sendungen von Fischereierzeugnissen aus Albanien gemeldet.

[7] Verordnung (EG) Nr. 178/2002 des Europäischen Parlaments und des Rates vom 28. Januar 2002 zur Festlegung der allgemeinen Grundsätze und Anforderungen des Lebensmittelrechts, zur Errichtung der Europäischen Behörde für Lebensmittelsicherheit und zur Festlegung von Verfahren zur Lebensmittelsicherheit.

[8] Verordnung (EG) Nr. 853/2004 des Europäischen Parlaments und des Rates vom 29. April 2004 mit spezifischen Hygienevorschriften für Lebensmittel tierischen Ursprungs.

[9] Entscheidung der Kommission vom 4. Oktober 2007 über Sofortmaßnahmen für die Einfuhr von zum Verzehr bestimmten Fischereierzeugnissen aus Albanien (2007/642/EG).

[10] Verordnung (EG) Nr. 2073/2005 der Kommission vom 15. November 2005 über mikrobiologische Kriterien für Lebensmittel.

1.6 Bericht über Sofortmaßnahmen für aus Indien eingeführte Sendungen mit zum menschlichen Verzehr bestimmten Aquakulturerzeugnissen

1.6.1 Anlass der Kontrolle und Rechtsgrundlage

Der Beschluss 2010/381/EU[11] über Sofortmaßnahmen für aus Indien eingeführte Sendungen mit zum menschlichen Verzehr bestimmten Aquakulturerzeugnissen wurde durch die EU-Kommission am 8. Juli 2010 erlassen und hob die bisher gültige Entscheidung 2009/727/EG[12] auf.

Dieser Beschluss sowie die vorangegangene Entscheidung resultierten aus einem Inspektionsbesuch der Europäischen Gemeinschaft in Indien im Jahr 2009. Es waren Mängel im Rückstandskontrollsystem für lebende Tiere und tierische Erzeugnisse festgestellt worden. Die Berichte der Mitgliedstaaten an die EU-Kommission trugen trotz der von Indien vorgelegten Garantien, über einen vermehrten Nachweis von Nitrofuranen und ihren Metaboliten in aus Indien eingeführten Krustentieren ebenso zum Erlass des oben genannten Beschlusses bei.

Gemäß des Beschlusses 2010/381/EU und der Entscheidung 2009/727/EG müssen Sendungen von aus Indien eingeführten Krustentieren aus Aquakulturhaltung, die für den menschlichen Verzehr bestimmt sind, bereits vor der Einfuhr in die EU auf Nitrofurane oder ihre Metaboliten und andere pharmakologisch wirksame Stoffe (u. a. Chloramphenicol und Tetracycline) untersucht werden.

Der einführende Mitgliedstaat trägt Sorge dafür, dass jede Sendung solcher Erzeugnisse bei ihrer Ankunft an der Grenze der Gemeinschaft allen erforderlichen Kontrollen unterzogen wird, um zu gewährleisten, dass diese keine Gefahr für die menschliche Gesundheit darstellen. Die Sendungen werden an der Grenze einbehalten, bis Laborergebnisse bestätigen, dass die Konzentration der unerwünschten Stoffe die festgelegte Mindestleistungsgrenze der Gemeinschaft sowie die festgelegten Referenzwerte für Maßnahmen der Entscheidung 2002/657/EG[13] und Verordnung (EG) Nr. 470/2009[14] nicht überschreiten.

1.6.2 Ergebnisse

Im Jahr 2013 wurden 25 Proben (1. Quartal: 4 Proben, 2. Quartal: 5 Proben, 3. Quartal: 4 Proben, 4. Quartal: 12 Proben) von Aquakulturerzeugnissen aus Indien gemäß den Vorgaben untersucht. Bei 1 Probe Nordseekrabben wurde eine Überschreitung der erlaubten Mindestleistungsgrenzen und Referenzwerte festgestellt.

1.7 Bericht zur Qualität von Guarkernmehl in importierten Futter- und Lebensmitteln aus Indien

1.7.1 Anlass der Kontrolle und Rechtsgrundlage

Aufgrund einer möglichen Kontamination durch Pentachlorphenol (PCP) und Dioxin waren im Jahr 2010 Sondervorschriften für die Einfuhr von Guarkernmehl aus Indien erlassen worden (Verordnung (EU) Nr. 258/2010 vom 25. März 2010[15]). Das Inkrafttreten der Verordnung erfolgte aufgrund eines Follow-up-Inspektionsbesuches im Oktober 2009, bei dem schwerwiegende Mängel festgestellt worden waren. Unter anderem wurde nicht deutlich, inwieweit PCP in Indien industriell verwendet wird. Die Probenahme wurde ohne amtliche Aufsicht durchgeführt und im Fall einer Kontamination wurden keine Maßnahmen ergriffen. Die Schlussfolgerung daraus war, dass die Kontamination von Guarkernmehl mit PCP und/oder Dioxinen nicht als Einzelfall anzusehen ist. Es wurden daraufhin Maßnahmen zur Verringerung möglicher Risiken ergriffen und in der Verordnung (EU) Nr. 258/2010 festlegt: So muss für Guarkernmehl aus Indien neben einem Analysenbericht eines nach EN ISO/IEC 17025 akkreditierten Labors eine Genusstauglichkeitsbescheinigung gemäß dem Anhang der VO (EU) Nr. 258/2010 vorliegen. Zufallskontrollen auf das Vorhandensein von PCP sind auch in Guarkernmehl weiterer Länder als Indien durchzuführen, da nicht auszuschließen ist, dass Guarkernmehl mit Ursprung aus Indien über ein anderes Drittland in die EU gelangt.

[11] Beschluss der Kommission vom 8. Juli 2010 über Sofortmaßnahmen für aus Indien eingeführte Sendungen mit zum menschlichen Verzehr bestimmten Aquakulturerzeugnissen (2010/381/EU).

[12] Entscheidung der Kommission vom 30. September 2009 über Sofortmaßnahmen für aus Indien eingeführte, zum menschlichen Verzehr oder zur Verwendung als Futtermittel bestimmte Krustentiere (2009/727/EG).

[13] Entscheidung der Kommission vom 12. August 2002 zur Umsetzung der Richtlinie 96/23/EG des Rates betreffend die Durchführung von Analysemethoden und die Auswertung von Ergebnissen (2002/657/EG).

[14] Verordnung (EG) Nr. 470/2009 des Europäischen Parlaments und des Rates vom 6. Mai 2009 über die Schaffung eines Gemeinschaftsverfahrens für die Festsetzung von Höchstmengen für Rückstände pharmakologisch wirksamer Stoffe in Lebensmitteln tierischen Ursprungs, zur Aufhebung der Verordnung (EWG) Nr. 2377/90 des Rates und zur Änderung der Richtlinie 2001/82/EG des Europäischen Parlaments und des Rates und der Verordnung (EG) Nr. 726/2004 des Europäischen Parlaments und des Rates.

[15] Verordnung (EU) Nr. 258/2010 der Kommission vom 25. März 2010 zum Erlass von Sondervorschriften für die Einfuhr von Guarkernmehl, dessen Ursprung oder Herkunft Indien ist, wegen des Risikos einer Kontamination mit Pentachlorphenol und Dioxinen sowie zur Aufhebung der Entscheidung 2008/352/EG.

Die Analysenergebnisse der Kontrolluntersuchungen werden der EU-Kommission von den Mitgliedstaaten vierteljährlich berichtet.

1.7.2 Ergebnisse

Für das Jahr 2013 wurden dem BVL 141 Untersuchungsergebnisse von Lebensmittelproben gemeldet. Von diesen wurde keine Probe beanstandet. Ergebnisse zu Futtermittelproben liegen dem BVL für das Jahr 2013 nicht vor.

1.8 Bericht zur Überprüfung von Fleisch- und Fleischerzeugnissen von Equiden aus Mexiko

1.8.1 Anlass der Kontrolle und Rechtsgrundlage

Gemäß der Richtlinie 97/78/EG[16] und der Verordnung (EG) Nr. 178/2002[17] sind die erforderlichen Maßnahmen zu treffen, wenn aus Drittländern eingeführte Erzeugnisse eine ernsthafte Gefährdung der Gesundheit von Mensch oder Tier darstellen können oder die Möglichkeit der Ausbreitung einer solchen Gefährdung besteht.

Daher dürfen Tiere sowie Fleisch und Fleischerzeugnisse von Tieren, denen bestimmte Stoffe mit hormonaler bzw. thyreostatischer Wirkung oder Beta-Agonisten verabreicht wurden, gemäß der Richtlinie 96/22/EG[18] nicht aus Drittländern eingeführt werden. Eine Verabreichung zur therapeutischen oder tierzüchterischen Behandlung ist hiervon ausgenommen.

Die Entscheidung 2006/27/EG[19] legt Sondervorschriften für die Einfuhr von zum Verzehr bestimmten Fleisch und Fleischerzeugnissen von Equiden aus Mexiko fest. Gemäß den Erwägungsgründen wurde bei einem Kontrollbesuch Mexikos der Europäischen Gemeinschaft im Jahr 2005 festgestellt, dass an Pferdefleisch insbesondere in Bezug auf den Nachweis der Stoffe, die gemäß der Richtlinie 96/22/EG verboten sind, keine zuverlässigen Kontrollen durchgeführt werden. Zudem wurden Mängel bei der Kontrolle des Tierarzneimittelmarktes festgestellt und nicht zugelassene Arzneimittel vorgefunden. Da die verbotenen Stoffe aufgrund dieser Mängel möglicherweise auch in der Pferdefleischerzeugung verwendet werden, könnten sie auch in Fleisch und Fleischerzeugnissen von Equiden enthalten sein, die für den Verzehr bestimmt sind. Somit besteht möglicherweise eine ernste Gefahr für die menschliche Gesundheit. Um zu verhindern, dass nicht zum Verzehr geeignetes Fleisch und Fleischerzeugnisse von Equiden in den Verkehr kommen, wird in der Entscheidung 2006/27/EG festgelegt, dass die Mitgliedstaaten an der Grenze der Gemeinschaft die erforderlichen Kontrollen durchführen und die Ergebnisse vierteljährlich der EU-Kommission mitteilen.

[16] Richtlinie 97/78/EG des Rates vom 18. Dezember 1997 zur Festlegung von Grundregeln für die Veterinärkontrollen von aus Drittländern in die Gemeinschaft eingeführten Erzeugnissen.

[17] Verordnung (EG) Nr. 178/2002 des Europäischen Parlaments und des Rates vom 28. Januar 2002 zur Festlegung der allgemeinen Grundsätze und Anforderungen des Lebensmittelrechts, zur Errichtung der Europäischen Behörde für Lebensmittelsicherheit und zur Festlegung von Verfahren zur Lebensmittelsicherheit.

[18] Richtlinie 96/22/EG des Rates vom 29. April 1996 über das Verbot der Verwendung bestimmter Stoffe mit hormonaler bzw. thyreostatischer Wirkung und von Beta-Agonisten in der tierischen Erzeugung und zur Aufhebung der Richtlinien 81/602/EWG, 88/146/EWG und 88/299/EWG.

[19] Entscheidung der Kommission vom 16. Januar 2006 über Sondervorschriften für die Einfuhr von zum Verzehr bestimmten Fleisch- und Fleischerzeugnissen von Equiden aus Mexiko (2006/27/EG).

1.8.2 Ergebnisse

Im Jahr 2013 wurden keine Proben von importierten Fleisch und Fleischerzeugnissen von Equiden aus Mexiko auf Hormonrückstände und Beta-Agonisten untersucht.

Damit werden seit 5 Berichtsjahren in Folge keine Proben untersucht, bzw. von den untersuchten Proben wurden keine Beanstandungen mehr gemeldet, wohingegen 2008, d. h. im ersten Berichtsjahr, noch 42 % der Proben beanstandet wurden.

1.9 Bericht über Melaminrückstände in eingeführter Milch bzw. Milcherzeugnissen aus China

1.9.1 Anlass der Kontrolle und Rechtsgrundlage

Nach den Erwägungsgründen der Entscheidung 2008/921/EG[20] können nach Artikel 53 der Verordnung (EG) Nr. 178/2002[21] in Notfällen geeignete Maßnahmen bei aus Drittländern eingeführten Lebens- oder Futtermitteln getroffen werden, um die Gesundheit von Mensch und Tier oder die Umwelt zu schützen, wenn dem

[20] Entscheidung der Kommission vom 9. Dezember 2008 zur Änderung der Entscheidung 2008/798/EG (2008/921/EG).

[21] Verordnung (EG) Nr. 178/2002 des europäischen Parlaments und des Rates vom 28. Januar 2002 zur Festlegung der allgemeinen Grundsätze und Anforderungen des Lebensmittelrechts, zur Errichtung der Europäischen Behörde für Lebensmittelsicherheit und zur Festlegung von Verfahren zur Lebensmittelsicherheit.

davon ausgehenden Risiko durch Maßnahmen der einzelnen Mitgliedstaaten nicht zufriedenstellend begegnet werden kann.

Die Europäische Kommission wurde darüber unterrichtet, dass in Säuglingsanfangsnahrung, anderen Milcherzeugnissen, Soja und Sojaerzeugnissen sowie in Ammoniumbicarbonat aus China Melamingehalte festgestellt wurden. Melamin ist ein chemisches Zwischenprodukt, das bei der Herstellung von Aminoharzen und Kunststoffen eingesetzt wird und als Monomer und Zusatzstoff bei Kunststoffen Verwendung findet. Hohe Gehalte an Melamin in Lebensmitteln können sehr schädliche Gesundheitsauswirkungen haben.

Aus diesen Gründen wurde geregelt, dass die Einfuhr in die Gemeinschaft von Erzeugnissen, die Milch oder Milcherzeugnisse und Soja oder Sojaerzeugnisse enthalten, verboten ist, wenn sie für die besonderen Ernährungsbedürfnisse von Säuglingen und Kleinkindern im Sinne der Richtlinie 89/398/EWG[22] bestimmt sind. Sämtliche Erzeugnisse, die nach Inkrafttreten der Entscheidung auf dem Markt angetroffen wurden, wurden sofort vom Markt genommen und vernichtet.

Des Weiteren führen die Mitgliedstaaten Kontrollen bei allen Sendungen durch, die für Lebens- oder Futtermittel bestimmt sind und deren Ursprung oder Herkunft China ist und die Milch, Milcherzeugnisse, Soja, Sojaerzeugnisse oder Ammoniumbicarbonat enthalten. Diese Kontrollen dienen vor allem dazu, sicherzustellen, dass der mögliche Melamingehalt 2,5 mg/kg Erzeugnis nicht übersteigt. Die Sendungen werden bis zur Vorlage der Ergebnisse der Laboruntersuchung festgehalten.

1.9.2 Ergebnisse

Gemäß Entscheidung 2008/921/EG wurden 2013 insgesamt 154 Proben auf Melaminrückstände getestet und regelmäßig berichtet. Bei keiner Probe wurde eine Überschreitung des gesetzlichen Höchstwertes festgestellt. Es wurden keine Futtermittelproben gemeldet.

Mykotoxine

Mykotoxine sind sekundäre Stoffwechselprodukte von Schimmelpilzen. Sie besitzen bereits in geringen Konzentrationen toxische Eigenschaften. Wichtige Vertreter der Mykotoxine sind Aflatoxine, Ochratoxin A, Fusarientoxine (Deoxynivalenol, Zearalenon, Fumonisine, T-2-Toxin und HT-2-Toxin), Patulin und Mutterkornalkaloide. Ihre Bildung ist abhängig von äußeren Faktoren wie Nährstoffangebot, Temperatur, Feuchtigkeit und pH-Wert.

Eine Kontamination von Lebensmitteln mit Mykotoxinen ist auf verschiedenen Wegen möglich. Ein Schimmelpilzbefall und die damit verbundene Mykotoxinbildung kann bereits auf dem Feld oder erst bei der Lagerung erfolgen. Auch möglich ist das sogenannte *Carry over*, d. h. Nutztiere nehmen Mykotoxine über kontaminierte Futtermittel auf und lagern sie ein, sodass tierische Produkte wie Fleisch, Milch und Milchprodukte sowie Eier ebenfalls Mykotoxine enthalten können.

Die Verordnung (EG) Nr. 1881/2006[23] enthält Höchstgehalte für die verschiedenen Mykotoxine. Diese sind unter Berücksichtigung des mit dem Lebensmittelverzehr verbundenen Risikos so niedrig festzulegen, wie dies durch eine gute Landwirtschafts- und Herstellungspraxis vernünftigerweise erreichbar ist. Die Verordnung sieht vor, dass die Mitgliedstaaten der EU-Kommission die Ergebnisse in Bezug auf Aflatoxine, Ochratoxin A und Fusarientoxine mitteilen.

1.10 Bericht über das Vorkommen von Aflatoxinen in bestimmten Lebensmitteln aus Drittländern

Aflatoxine werden von Schimmelpilzen der Gattung *Aspergillus* vor oder nach der Ernte gebildet. Sie treten vor allem in subtropischen und tropischen Klimabereichen auf, da die Bildung der Schimmelpilze durch Wärme und Feuchtigkeit gefördert wird. Häufig betroffene Produkte sind Nüsse, Trockenfrüchte, Reis und Mais. Zu den Aflatoxinen gehören die chemisch verwandten Einzelverbindungen Aflatoxin B_1, B_2, G_1, G_2 sowie M_1. Am häufigsten in Lebensmitteln tritt Aflatoxin B_1 auf, das genotoxisch und karzinogen wirkt.[24]

[22] Richtlinie 89/398/EWG des Rates vom 3. Mai 1989 zur Angleichung der Rechtsvorschriften der Mitgliedstaaten über Lebensmittel, die für eine besondere Ernährung bestimmt sind.

[23] Verordnung (EG) Nr. 1881/2006 der Kommission vom 19. Dezember 2006 zur Festsetzung der Höchstgehalte für bestimmte Kontaminanten in Lebensmitteln.

[24] EFSA (Europäische Behörde für Lebensmittelsicherheit), 2009, Aflatoxine in Lebensmitteln, http://www.efsa.europa.eu/de/topics/topic/aflatoxins.htm (aufgerufen am 31. Oktober 2011).

1.10.1 Anlass der Kontrolle und Rechtsgrundlage

In einigen Lebensmitteln aus bestimmten Ländern wurden die Höchstgehalte für Aflatoxine häufig überschritten. Daher wurden zum Schutz der menschlichen Gesundheit zusätzlich Sondervorschriften für aus bestimmten Drittländern eingeführte Erzeugnisse getroffen. Mit Beginn des Jahres 2010 wurde die bis dahin gültige Entscheidung 2006/504/EG[25] durch die Verordnung (EG) Nr. 1152/2009[26] ersetzt. Der Anwendungsbereich der Verordnung umfasst Lebensmittel aus Brasilien (Paranüsse und Erzeugnisse), China (Erdnüsse und Erzeugnisse), Ägypten (Erdnüsse und Erzeugnisse), Iran (Pistazien und Erzeugnisse), der Türkei (Feigen, Haselnüsse, Pistazien und Erzeugnisse) und den USA (Mandeln und Erzeugnisse). Insbesondere vor oder bei der Einfuhr dieser Lebensmittel ist das Vorkommen von Aflatoxinen zu überprüfen.

Hinsichtlich der Höchstgehalte für Aflatoxine wurde die Verordnung (EG) Nr. 1881/2006 durch die Verordnung (EU) Nr. 165/2010[27] und Verordnung (EG) Nr. 1058/2012[28] geändert. Grund dafür waren neue wissenschaftliche Erkenntnisse und Entwicklungen im Rahmen des *Codex Alimentarius*. Es wurden Höchstwerte für andere Ölsaaten als Erdnüsse und für Reis ergänzt. Zudem wurden die Höchstwerte für Mandeln, Haselnüsse und Pistazien zur Erleichterung des weltweiten Handels angehoben, nachdem das Wissenschaftliche Gremium der Europäischen Behörde für Lebensmittelsicherheit (EFSA) für Kontaminanten in der Lebensmittelkette (CONTAM-Gremium) in einem Gutachten zu dem Schluss gekommen ist, dass eine Anhebung der Höchstwerte nur geringe Auswirkungen auf die Schätzwerte für die ernährungsbedingte Exposition sowie auf das Krebsrisiko habe[29]. Ebenso wurden die Höchstwerte für andere Schalenfrüchte angehoben, worin das CONTAM-Gremium keine nachteiligen Auswirkungen auf die öffentliche Gesundheit sah[30]. Das Gremium schloss in beiden Gutachten, dass die Exposition gegenüber Aflatoxinen aus allen Quellen aufgrund der genotoxischen sowie karzinogenen Eigenschaften so gering wie vernünftigerweise erreichbar sein muss. In Verordnung (EG) Nr. 1058/2012 wurden die Höchstgehalte für Aflatoxine in getrockneten Feigen geändert, „um den Entwicklungen im *Codex Alimentarius*, neuen Informationen darüber, inwiefern dem Auftreten von Aflatoxinen durch die Anwendung bewährter Verfahren vorgebeugt werden kann, sowie wissenschaftlichen Erkenntnissen über die unterschiedlichen Gesundheitsrisiken bei verschiedenen hypothetischen Höchstgehalten für Aflatoxin B_1 und Gesamtaflatoxin in verschiedenen Lebensmitteln Rechnung zu tragen."[28]

1.10.2 Ergebnisse

Für das Berichtsjahr 2013 liegen für kontrollierte Warenproben aus einer Reihe von Drittländern Meldungen vor. Dies betrifft importierte Lebensmittel aus China, dem Iran, der Türkei und den USA. Beanstandungen gab es bei 5,7 % (China), 4,2 % (Iran), 0 % bis 8,7 % (Türkei) und 4,8 % (USA) der beprobten Sendungen (vgl. Tab. 1.4). Die Höchstgehalte wurden teilweise erheblich überschritten. Aus Brasilien wurden keine Sendungen beprobt. Auch Nuss- oder Trockenfrüchtemischungen mit Mandeln aus den USA wurden 2013 nicht untersucht. Abbildung 1.1 zeigt die Entwicklung des prozentualen Anteils an Höchstgehaltüberschreitungen für relevante Lebensmittel im Zeitraum 2009 bis 2013, d. h. nach Inkrafttreten der Sondervorschriften für aus bestimmten Drittländern eingeführte Erzeugnisse. Für einige Lebensmittel wurden geringere Beanstandungsquoten als im Vorjahr (Erdnüsse aus China, Feigen aus der Türkei), bei allen anderen gleichbleibende oder höhere Beanstandungsquoten im Vergleich zum Vorjahr verzeichnet. Diese machen den zusätzlichen Kontrollaufwand in Bezug auf die Kontamination mit Aflatoxinen in bestimmten Lebensmitteln weiterhin notwendig.

---

[25] Entscheidung vom 12. Juli 2006 über Sondervorschriften für aus bestimmten Drittländern eingeführte bestimmte Lebensmittel wegen des Risikos einer Aflatoxin-Kontamination dieser Erzeugnisse (2006/504/EG).

[26] Verordnung (EG) Nr. 1152/2009 der Kommission vom 27. November 2009 mit Sondervorschriften für die Einfuhr bestimmter Lebensmittel aus bestimmten Drittländern wegen des Risikos einer Aflatoxin-Kontamination und zur Aufhebung der Entscheidung 2006/504/EG.

[27] Verordnung (EU) Nr. 165/2010 der Kommission vom 26. Februar 2010 zur Änderung der Verordnung (EG) Nr. 1881/2006 zur Festsetzung der Höchstgehalte für bestimmte Kontaminanten in Lebensmitteln hinsichtlich Aflatoxinen.

[28] Verordnung (EU) Nr. 1058/2012 der Kommission vom 12. November 2012 zur Änderung der Verordnung (EG) Nr. 1881/2006 hinsichtlich der Höchstgehalte für Aflatoxine in getrockneten Feigen, http://eur-lex.europa.eu/LexUriServ/LexUriServ.do?uri=OJ:L:2012:313:0014:0015:DE:PDF (aufgerufen am 30.08.2013).

[29] EFSA (Europäische Behörde für Lebensmittelsicherheit), 2007, Gutachten des Wissenschaftlichen Gremiums CONTAM über den potenziellen Anstieg des Gesundheitsrisikos für Verbraucher durch eine mögliche Anhebung der zulässigen Höchstwerte für Aflatoxine in Mandeln, Haselnüssen und Pistazien und daraus hergestellten Produkten, The EFSA Journal (2007) 446, S. 1 – 127, http://www.efsa.europa.eu/de/efsajournal/pub/446.htm (aufgerufen am 31. Oktober 2011).

[30] EFSA (Europäische Behörde für Lebensmittelsicherheit), 2009, Gutachten des Wissenschaftlichen Gremiums CONTAM, Effects on public health of an increase of the levels for aflatoxin total from 4 μg/kg to 10 μg/kg for tree nuts other than almonds, hazelnuts and pistachios, The EFSA Journal (2009) 1168, S. 1 – 11, http://www.efsa.europa.eu/en/efsajournal/pub/1168.htm (aufgerufen am 31. Oktober 2011).

Tab. 1.4 Ergebnisse der Kontrollen auf Aflatoxine in relevanten Lebensmitteln, welche in die Bundesrepublik Deutschland aus China, dem Iran, der Türkei und den USA im Jahr 2013 eingeführt wurden

Herkunftsland	Produkte	Anzahl beprobter Sendungen	Anzahl beanstandeter Proben	Maximal nachgewiesener Aflatoxingehalt [µg/kg]	
				B_1	B/G-Summe
Brasilien	Paranüsse in der Schale	0	–	–	–
	Nuss- oder Trockenfrüchtemischungen, die Paranüsse in der Schale enthalten	0	–	–	–
China	Erdnüsse und Verarbeitungsprodukte	53	3 (5,7 %)	132,4	159,5
Ägypten	Erdnüsse und Verarbeitungsprodukte	12	0	k. A.[a]	k. A.
Iran	Pistazien und Verarbeitungsprodukte	283	12 (4,2 %)	92,7	105,7
Türkei	getrocknete Feigen	242	21 (8,7 %)	47,0	59,9
	Haselnüsse	222	5 (2,2 %)	7,6	20,4
	Pistazien	166	8 (4,8 %)	83,8	108,5
	Nuss- oder Trockenfrüchtemischungen, die Feigen, Haselnüsse oder Pistazien enthalten	1	0	k. A.	k. A.
	Feigen-, Pistazien- und Haselnusspaste	16	0	k. A.	k. A.
	Haselnüsse, Feigen und Pistazien und Verarbeitungsprodukte	104	5 (4,8 %)	55,1	147,0
	Mehl, Grieß und Pulver von Haselnüssen, Feigen und Pistazien	5	0	k. A.	k. A.
	Haselnüsse (in Stücke geschnitten und zerkleinert)	29	1 (3,4 %)	3,7	18,0
USA	Mandeln und Verarbeitungsprodukte	63	3 (4,8 %)	47,3	61,2
	Nuss- oder Trockenfrüchtemischungen, die Mandeln enthalten	0			

[a] k. A. = keine Angabe

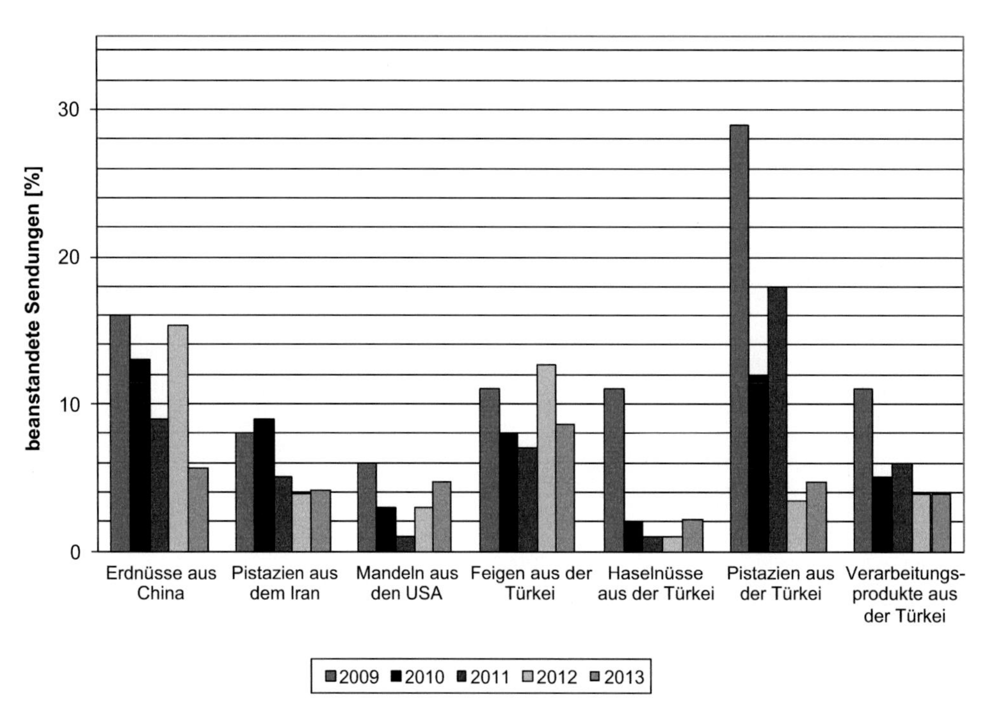

Abb. 1.1 Vergleich der beanstandeten Sendungen [%] bei Kontrollen auf Aflatoxine für relevante Lebensmittel im Zeitraum 2009 bis 2013

1.11 Bericht über das Vorkommen von Ochratoxin A in ausgewählten Lebensmitteln

Ochratoxin A (OTA) ist ein Mykotoxin der Schimmelpilzgattungen *Aspergillus* und *Penicillium*. Gemäß einer wissenschaftlichen Stellungnahme der Europäischen Behörde für Lebensmittelsicherheit (EFSA) von 2006[31] wurde eine Kontamination durch Ochratoxin A in zahlreichen Lebensmitteln nachgewiesen, u. a. in Getreide und Getreideerzeugnissen, Kaffee, Trockenfrüchten, Fruchtsäften, Wein, Bier, Kakao, Süßholz, Gewürzen und Hülsenfrüchten. Durch *Carry over* ist auch eine Kontamination von tierischen Erzeugnissen möglich. Bei OTA handelt es sich um eine sehr stabile Verbindung, die bei der haushaltsüblichen Zubereitung der Lebensmittel sowie beim Kaffeerösten nicht zerstört wird. Der Befall mit Schimmelpilzen und die damit verbundene OTA-Bildung kann bereits auf dem Feld erfolgen, findet jedoch meist während der Lagerung statt. Im Gegensatz zu Aflatoxinen, die insbesondere in Produkten aus subtropischen und tropischen Klimabereichen nachzuweisen sind, tritt OTA auch in gemäßigten Klimazonen auf. OTA hat nephrotoxische und genotoxische Eigenschaften und wirkt im Tierversuch karzinogen.

In der Stellungnahme der EFSA wird von einer täglichen OTA-Gesamtaufnahme von 2 ng/kg bis 3 ng/kg Körpergewicht (KG) ausgegangen. Die durchschnittliche Belastung von geröstetem Kaffee mit OTA liegt bei 0,72 µg/kg Lebensmittel, von Getreide bei 0,29 µg/kg und von Bier bei 0,03 µg/kg. Werden den Werten durchschnittlicher Belastung verschiedener Lebensmittel die üblichen Verzehrsmengen zugrunde gelegt, so ergibt sich für den Verbraucher eine wöchentliche OTA-Aufnahme von 15 ng/kg bis 20 ng/kg KG (bzw. 40 ng/kg bis 60 ng/kg KG bei hohem Konsum). Die EFSA leitete eine tolerierbare wöchentliche Aufnahme (*Tolerable Weekly Intake*, TWI) von 120 ng/kg KG für Ochratoxin A ab.

[31] EFSA (Europäische Behörde für Lebensmittelsicherheit), 2006, Gutachten des Wissenschaftlichen Gremiums CONTAM bezüglich Ochratoxin A in Lebensmitteln, The EFSA Journal (2006) 365, S. 1 – 56, http://www.efsa.europa.eu/de/efsajournal/doc/365.pdf (aufgerufen am 31. Oktober 2011).

1.11.1 Anlass der Kontrolle und Rechtsgrundlage

In der Verordnung (EG) Nr. 1881/2006[32] werden Höchstwerte für potenziell belastete Lebensmittel festgelegt. Dazu gehören u. a. Getreide, getrocknete Weintrauben, Wein, Traubensaft, Röstkaffee und Lebensmittel für Säuglinge und Kleinkinder. Da auch bei Gewürzen und Süßholz wiederholt ein sehr hoher OTA-Gehalt nachgewiesen wurde, wurden auch für diese Produkte Höchstgehalte festgelegt. Dazu erfolgte eine Änderung der Verordnung (EG) Nr. 1881/2006 durch die Verordnung (EU) Nr. 105/2010[33], die ab dem 1. Juli 2010 gilt. Auch die Überwachung des OTA-Gehaltes in bestimmten Lebensmitteln, für die noch kein Höchstgehalt besteht, soll fortgesetzt werden. Dazu gehören Bier, grüner Kaffee, Kakao und Kakaoerzeugnisse sowie andere Trockenfrüchte als getrocknete Weintrauben.

In Deutschland gelten über die europäischen Verordnungen hinaus Höchstwerte für getrocknete Feigen und andere Trockenfrüchte. Die Höchstwerte waren vormals in der Mykotoxinhöchstmengen-Verordnung enthalten, die mit anderen Rechtsvorschriften zur Kontaminanten-Verordnung[34] (in Kraft getreten am 27. März 2010) zusammengefasst wurde.

1.11.2 Ergebnisse

Im Berichtsjahr 2013 wurden 3.416 Proben aus 24 verschiedenen Lebensmittelgruppen auf ihren OTA-Gehalt untersucht. Die Ergebnisse sind in Tabelle 1.5 aufgeführt. Bei ca. 63 % der Untersuchungen lagen die Ochratoxin A-Gehalte unterhalb der Nachweisgrenze. In 42 Fällen (1,2 % der Untersuchungen) wurden die Höchstwerte überschritten. Damit war die Beanstandungsrate wie in den Vorjahren insgesamt gering.

Überschreitungen der Höchstgehalte wurden im Jahr 2013 in den Lebensmittelgruppen Gewürze (Paprika/Chili, Muskat, Curry), getrocknete Weintrauben, unverarbeitetes Getreide und Erzeugnisse daraus, aromatisierter Wein, Traubensaft sowie gerösteter Kaffee festgestellt.

[32] Verordnung (EG) Nr. 1881/2006 der Kommission vom 19. Dezember 2006 zur Festsetzung der Höchstgehalte für bestimmte Kontaminanten in Lebensmitteln.

[33] Verordnung (EU) Nr. 105/2010 der Kommission vom 5. Februar 2010 zur Änderung der Verordnung (EG) Nr. 1881/2006 zur Festsetzung der Höchstgehalte für bestimmte Kontaminanten in Lebensmitteln hinsichtlich Ochratoxin A.

[34] Verordnung zur Begrenzung von Kontaminanten in Lebensmitteln (Kontaminanten-Verordnung) vom 19. März 2010 (BGBl. I, S. 287).

Tab. 1.5 Ergebnisse der Untersuchung ausgewählter Lebensmittelgruppen auf den Gehalt an Ochratoxin A im Jahr 2013

Lebensmittelgruppe	Anzahl der Proben	Anzahl der Untersuchungen			Ergebnisse in [μg/kg] bzw. [μ l/L][a]					
	Gesamt	Gesamt	unterhalb der Nachweisgrenze	unterhalb der Nachweisgrenze [%]	Mittelwert	Median	95. Perzentil	max. Wert	Höchstgehalt [μ g/kg]	Anzahl an Proben oberhalb des Höchstgehalts
unverarbeitetes Getreide	542	544	517	95,0	0,05	0	0,15	4,8	5,0	0
aus unverarbeitetem Getreide gewonnene Erzeugnisse, einschließlich verarbeitete Getreideerzeugnisse und zum unmittelbaren menschlichen Verzehr bestimmtes Getreide	802	818	668	81,7	0,29	0	1,0	34,4	3,0	12
getrocknete Weintrauben (Korinthen, Rosinen und Sultaninen)	172	174	56	32,2	1,90	0,70	6,60	31,20	10,0	4
geröstete Kaffeebohnen sowie gemahlener gerösteter Kaffee außer löslicher Kaffee	429	429	230	53,6	0,52	0,16	2,27	11,60	5,0	1
löslicher Kaffee (Instantkaffee)	73	73	27	37,0	0,73	0,58	1,75	8,10	10,0	0
Wein (einschließlich Schaumwein, ausgenommen Likörwein und Wein mit einem Alkoholgehalt von mindestens 15 Vol.- %) und Fruchtwein	162	162	122	75,3	0,03	0,00	0,18	0,48	2,0	0
aromatisierter Wein, aromatisierte weinhaltige Getränke und aromatisierte weinhaltige Cocktails	97	98	47	48,0	0,21	0,04	0,74	2,97	2,0	2
Traubensaft, rekonstituiertes Traubensaftkonzentrat, Traubennektar, zum unmittelbaren menschlichen Verzehr bestimmter Traubenmost und zum unmittelbaren menschlichen Verzehr bestimmtes rekonstituiertes Traubenmostkonzentrat	264	264	100	37,9	0,27	0,17	1,07	2,80	2,0	1
Getreidebeikost und andere Beikost für Säuglinge und Kleinkinder	40	40	36	90,0	0,01	0,00	0,05	0,32	0,5	0
diätetische Lebensmittel für besondere medizinische Zwecke, die eigens für Säuglinge bestimmt sind	–	–	–	–	–	–	–	–	0,5	–
grüner Kaffee	11	11	10	90,9	0,80	0,00	4,40	8,79	–	–
andere Trockenfrüchte als getrocknete Weintrauben	230	246	197	80,1	5,31	0,00	10,28	433,10	–	–
getrocknete Feigen	118	134	89	66,0	9,6	0,1	25,1	433,1	8,0[b]	14
alle anderen	112	112	108	96,0	0,2	0	0,2	14,1	2,0[b]	1
Bier	61	61	40	65,6	0,01	0,01	0,05	0,09	–	–
Kakao u. Kakaoerzeugnisse	49	49	17	34,7	0,56	0,51	1,23	2,43	–	–

Tab. 1.5 Fortsetzung

Lebensmittelgruppe	Anzahl der Proben	Anzahl der Untersuchungen			Ergebnisse in [µg/kg] bzw. [µl/L][a]					
	Gesamt	Gesamt	unterhalb der Nachweisgrenze	unterhalb der Nachweisgrenze [%]	Mittelwert	Median	95. Perzentil	max. Wert	Höchstgehalt [µg/kg]	Anzahl an Proben oberhalb des Höchstgehalts
Likörweine	1	1	0	0,00				1,75	-	-
Fleischerzeugnisse	4	4	3	75,0	0,08	0,00	0,27	0,32	-	-
Gewürze und Würzmittel	461	461	206	44,7	3,30	0,60	13,30	105,00	-	-
Paprika/Chili	137	137	11	8,0	7,2	5	25,4	38,6	15,0	4
Pfeffer	87	87	69	79	0,8	0	6,1	10,7	15,0	0
Muskat	46	46	23	50	4,1	1	8,1	105,0	15,0	1
Curry	37	37	12	32	3,1	1	12,7	21,63	15,0	2
Ingwer	34	34	26	76	0,6	0	3,2	4,25	15,0	0
Kurkuma	26	26	8	31	1,4	1	5,5	7,6	15,0	0
sonstige Gewürze	94	94	57	61	1,2	0	6,0	11,2	-	
Lakritz	18	18	12	66,7	0,41	0,20	1,44	1,81	-	-
Süßholzwurzel	-	-	-	-	-	-	-	-	20,0	-
Gesamt	**3.416**	**3.453**	**2.288**	**63,0**						

[a] Angabe der Werte unterhalb der Bestimmungsgrenze (LOQ): 0, wenn unterhalb der Nachweisgrenze, sonst 0,5 x LOQ
[b] Mykotoxin-Höchstmengenverordnung (MHmV)

1.12 Bericht über das Vorkommen von Fusarientoxinen in bestimmten Lebensmitteln

Fusarientoxine sind Mykotoxine, die von Schimmelpilzen der Gattung *Fusarium* gebildet werden. Häufig belastet sind Getreide wie Weizen, Mais und Hafer, die in den gemäßigten Klimazonen angebaut werden. Der Pilzbefall erfolgt während der Blütezeit auf dem Feld. Die Pilze können sich aber unter günstigen Bedingungen auch bei der Lagerung ausbreiten.

Die etwa 100 Fusarientoxine werden in 3 Gruppen unterteilt: Trichothecene, Zearalenon und seine Derivate sowie Fumonisine. Wichtige Vertreter der Gruppe der Trichothecene sind Deoxynivalenol (DON), Nivalenol und deren Vorläufer in der Biosynthese, 3- und 15-Acetyldeoxynivalenol, sowie T-2-Toxin und HT-2-Toxin. Der wissenschaftliche Lebensmittelausschuss der Europäischen Kommission (SCF) legte für Deoxynivalenol eine tolerierbare tägliche Aufnahme (*Tolerable Daily Intake*, TDI) von 1 µg/kg KG fest[35]. Vorläufige TDI-Werte wurden für Nivalenol (0,7 µg/kg KG)[36] sowie für die Summe von T-2- und HT-2-Toxin (0,06 µg/kg KG)[37] bestimmt. Für die Gruppe des Zearalenons, das häufig mit Trichothecenen auftritt, legte der SCF einen vorläufigen TDI-Wert von 0,2 µg/kg KG fest[38]. Es werden insgesamt 6 Fumonisine unterschieden (B_1–B_4, A_1, A_2), mit denen insbesondere Mais und Maiserzeugnisse stark belastet sind. Als TDI-Wert für Fumonisine wurde vom SCF 2 µg/kg KG festgelegt[39,40].

[35] Stellungnahme des Wissenschaftlichen Lebensmittelausschusses zu Fusarientoxinen, Teil 1: Deoxynivalenol (DON) vom 02.12.1999, http://ec.europa.eu/foof/fs/sc/scf/out44_en.pdf (aufgerufen am 28. Oktober 2011).

[36] Stellungnahme des Wissenschaftlichen Lebensmittelausschusses zu Fusarientoxinen, Teil 4: Nivalenol vom 19.10.2000, http://ec.europa.eu/food/fs/sc/scf/out74_en.pdf (aufgerufen am 28. Oktober 2011).

[37] Stellungnahme des Wissenschaftlichen Lebensmittelausschusses zu Fusarientoxinen, Teil 5: T-2- und HT-2-Toxin vom 30.05.2001, http://ec.europa.eu/food/fs/sc/scf/out88_en.pdf (aufgerufen am 28. Oktober 2011).

[38] Stellungnahme des Wissenschaftlichen Lebensmittelausschusses zu Fusarientoxinen, Teil 2: Zearalenon vom 22.06.2000, http://ec.europa.eu/food/fs/sc/scf/out65_en.pdf (aufgerufen am 28. Oktober 2011).

[39] Stellungnahme des Wissenschaftlichen Lebensmittelausschusses zu Fusarientoxinen, Teil 3: Fumonisin B_1 (FB_1) vom 17.10.2000, http://ec.europa.eu/food/fs/sc/scf/out73_en.pdf (aufgerufen am 31. Oktober 2011).

[40] Aktualisierte Stellungnahme des Wissenschaftlichen Lebensmittelausschusses zu Fumonisin B_1, B_2 und B_3 vom 04.04.2003, http://ec.europa.eu/food/fs/sc/scf/out185_en.pdf (aufgerufen am 31. Oktober 2011).

1.12.1 Anlass der Kontrolle und Rechtsgrundlage

Gemäß den Erwägungsgründen der Verordnung (EG) Nr. 1881/2006[41] wurden aufgrund der Stellungnahmen des SCF und weiteren wissenschaftlichen Beurteilungen sowie Aufnahmeabschätzungen Höchstgehalte für DON, Zearalenon und die Summe der Fumonisine B_1 und B_2 festgelegt. Es wurden sowohl für unverarbeitetes Getreide als auch für Getreideerzeugnisse Höchstgehalte festgelegt, da Fusarientoxine in unverarbeitetem Getreide durch Reinigung und Verarbeitung in unterschiedlichem Maße verringert werden.

Für die T-2- und HT-2-Toxine sollte eine zuverlässige, empfindliche Nachweismethode entwickelt, weitere Daten erhoben und Faktoren untersucht werden, die das Vorkommen vor allem in Hafer und Hafererzeugnissen beeinflussen. Spezifische Maßnahmen für 3- und 15-Acetyldeoxynivalenol, Nivalenol sowie Fumonisin B_3 sind laut der Verordnung nicht notwendig, da diese Mykotoxine gleichzeitig mit DON bzw. Fumonisin B_1 und B_2 auftreten. Daher bewirken Maßnahmen hinsichtlich DON und Fumonisin B_1 und B_2 auch einen Schutz vor der Exposition gegenüber den gleichzeitig auftretenden Mykotoxinen.

In der Verordnung (EG) Nr. 1881/2006 wird zudem auf die Empfehlung 2006/583/EG[42] verwiesen. Diese enthält Grundsätze für die Prävention und Reduzierung der Kontamination von Getreide mit Fusarientoxinen, um den Befall mit Fusariumpilzen mittels einer guten landwirtschaftlichen Praxis zu verhindern. Die Grundsätze sollten in den Mitgliedstaaten durch Entwicklung nationaler Leitlinien umgesetzt werden.

Hinsichtlich der Höchstgehalte von Fusarientoxinen in Mais und Maisprodukten wurde die Verordnung (EG) Nr. 1881/2006 durch die Verordnung (EG) Nr. 1126/2007[43] geändert. Gemäß den Erwägungsgründen der Verordnung (EG) Nr. 1126/2007 wurde festgestellt, dass bei bestimmten Wetterbedingungen die Höchstgehalte für Zearalenon und Fumonisine in Mais und Maisprodukten nicht eingehalten werden können, auch wenn Präventionsmaßnahmen erfolgen. Daher wurden die Höchstgehalte für Mais so angehoben, dass Marktstörungen vermieden werden können, aber die menschliche Exposition dennoch deutlich unter dem gesundheitsbezogenen Richtwert bleibt.

1.12.2 Ergebnisse

Für das Jahr 2013 wurden dem Bundesamt für Verbraucherschutz und Lebensmittelsicherheit (BVL) die Untersuchungsergebnisse von 1.767 Proben, die auf das Vorkommen der Fusarientoxine Deoxynivalenol, Zearalenon sowie HT-2- und T-2-Toxin in Lebensmitteln getestet wurden, gemeldet. 85 % der Proben stammten aus Deutschland. Die Anzahl der untersuchten und positiven Proben je Toxin sind in Tabelle 1.6 wiedergegeben.

In den folgenden Tabellen 1.7 bis 1.10 werden die Gesamtanzahl der Proben und die Anzahl der positiven Proben in relevanten Warengruppen nach Analyse auf eines der oben genannten Mykotoxine gegenübergestellt. Sofern eine Höchstmenge für das jeweilige Mykotoxin und die jeweilige Warengruppe festgelegt ist, wird zudem die Anzahl der positiven Proben angegeben, welche diesen Höchstwert überschreiten. Grundsätzlich ist dabei festzustellen, dass in einem nicht unerheblichen Anteil der Proben das jeweilige Mykotoxin nachgewiesen werden konnte. Bei Analysen auf DON wurden 57 % der Proben positiv getestet und Fumonisin B1 wurde in 21 % der Fälle festgestellt. Es ist allerdings auch festzustellen, dass sich die jeweiligen Gehalte an Mykotoxinen der meisten Proben auf sehr geringem Niveau befinden. Für Zearalenon sowie Fumonisin B1 und B2 lagen alle Proben unterhalb der Höchstwerte.

Tab. 1.6 Probenanzahl bei der Lebensmitteluntersuchung zu Fusarientoxinen im Jahr 2013

Analyse auf	Anzahl der Proben	Anzahl der positiven Proben
Deoxynivalenol	504	290 (57,5 %)
Zearalenon	452	58 (12,8 %)
Fumonisin B1	33	7 (21,2 %)
Fumonisin B2	33	5 (15,1 %)
Summe B1 + B2	36	7 (19,4)
HT-2-Toxin	354	24 (6,8)
T-2-Toxin	355	23 (6,5)

[41] Verordnung (EG) Nr. 1881/2006 der Kommission vom 19. Dezember 2006 zur Festsetzung der Höchstgehalte für bestimmte Kontaminanten in Lebensmitteln.

[42] Empfehlung der Kommission vom 17. August 2006 zur Prävention und Reduzierung von Fusarientoxinen in Getreide und Getreideprodukten (2006/583/EG).

[43] Verordnung (EG) Nr. 1126/2007 der Kommission vom 28. September 2007 zur Änderung der Verordnung (EG) Nr. 1881/2006 zur Festsetzung der Höchstgehalte für bestimmte Kontaminanten in Lebensmitteln hinsichtlich Fusarientoxinen in Mais und Maiserzeugnissen.

Tab. 1.7 Anzahl der auf Deoxynivalenol im Jahr 2013 untersuchten Lebensmittelproben aus verschiedenen Warengruppen, Anzahl der positiven Proben und der Höchstmengenüberschreitungen (exemplarische Angaben zu einigen Warengruppen)

Warengruppe	Gesamtanzahl der Proben	Anzahl positiver Proben	Anzahl positiver Proben oberhalb der Höchstmenge	festgelegte Höchstmenge [µg/kg]
unverarbeitetes Getreide außer Hartweizen, Hafer und Mais	155	51	4	1.250
zum unmittelbaren menschlichen Verzehr bestimmtes Getreide, Getreidemehl, als Enderzeugnis für den unmittelbaren menschlichen Verzehr vermarktete Kleie und Keime	125	116	4	750
Teigwaren (trocken)	21	19	0	750
Brot (einschließlich Kleingebäck), feine Backware, Kekse, Getreide-Snacks und Frühstückscerealien	139	71	1	500

Tab. 1.8 Anzahl der auf Zearalenon im Jahr 2013 untersuchten Lebensmittelproben aus verschiedenen Warengruppen, Anzahl der positiven Proben und der Höchstmengenüberschreitungen (exemplarische Angaben zu einigen Warengruppen)

Warengruppe	Gesamtanzahl der Proben	Anzahl positiver Proben	Anzahl positiver Proben oberhalb der Höchstmenge	festgelegte Höchstmenge [µg/kg]
unverarbeitetes Getreide außer Mais	144	7	0	100
zum unmittelbaren menschlichen Verbrauch bestimmtes Getreide, Getreidemehl, als Enderzeugnis für den unmittelbaren menschlichen Verzehr vermarktete Kleie und Keime (außer Maisprodukte, Getreidebeikost, Cerealien und Snacks)	147	17	0	75
Brot (einschließlich Kleingebäck), feine Backwaren, Kekse, Getreidesnacks und Frühstückscerealien, Müsli (außer Maisprodukte)	132	11	0	50

Tab. 1.9 Anzahl der auf Fumonisin B1 und B2 im Jahr 2012 untersuchten Lebensmittelproben aus verschiedenen Warengruppen, Anzahl der positiven Proben und der Höchstmengenüberschreitungen (exemplarische Angaben zu einigen Warengruppen)

Warengruppe	Gesamtanzahl der Proben	Anzahl positiver Proben	Anzahl positiver Proben oberhalb der Höchstmenge	festgelegte Höchstmenge [µg/kg]
Frühstückscerealien und Snacks auf Maisbasis	6	2	0	800

Tab. 1.10 Anzahl der auf T-2 und HT-2-Toxin im Jahr 2013 untersuchten Lebensmittelproben aus verschiedenen Warengruppen, Anzahl der positiven Proben und der Maximalwerte (exemplarische Angaben zu einigen Warengruppen)

Warengruppe	Gesamtanzahl der Proben		Anzahl positiver Proben		Maximalwert [µg/kg]	
	T-2	HT-2	T-2	HT-2	T-2	HT-2
Getreide, Getreidemehl, Kleie und Keime	217	226	12	15	14,8	23,4
unverarbeitetes Getreide außer Hafer	54	64	4	7	10,0	19,0

1.13 Bericht über den Gehalt an Nitrat in Spinat, Salat, Rucola und anderen Salaten

Nitrat kommt natürlich im Boden vor und wird von den Pflanzen als Nährstoff benötigt. In der Landwirtschaft wird es als Dünger eingesetzt. Durch Überdüngung kann der Nitratgehalt einer Pflanze sehr hoch sein. Weitere Einflussfaktoren auf den Nitratgehalt einer Pflanze sind Pflanzenart, klimatische und geografische Bedingungen sowie der Erntezeitpunkt. In der Regel sind in den lichtärmeren Monaten die Nitratgehalte höher, da in diesen das Nitrat unvollständig abgebaut wird und sich in der Pflanze anreichert. Im Körper kann Nitrat zum Nitrit reduziert werden, aus dem durch Reaktion mit Eiweißstoffen Nitrosamine gebildet werden können, die nachweislich karzinogene Eigenschaften besitzen[44].

[44] BfR (Bundesinstitut für Risikobewertung), 2009, Aktualisierte Stellungnahme Nr. 032/2009 zu Nitrat in Rucola, Spinat und Salat, http://www.bfr.bund.de/cm/343/nitrat_in_rucola_spinat_und_salat.pdf (aufgerufen am 31. Oktober 2011).

Tab. 1.11 Ergebnisse der Untersuchung zu Nitrat in frischem Spinat, frischem Salat (unter Glas/Folie angebauter Salat und Freilandsalat) und Rucola im Jahr 2013

Lebensmittel	Probeanzahl	Erntezeit	Höchstgehalt [mg NO_3/kg]	oberhalb des Höchstgehalts	
				Anzahl	Beanstandungen
frischer Spinat	80	-	3.500	1	1
haltbar gemachter, tiefgefrorener oder gefrorener Spinat	109	-	2.000	0	0
frischer Salat, unter Glas/Folie angebaut	63	Apr. - Sept.	4.000	5	2
		Okt. - Mrz.	5.000	3	0
frischer Salat, im Freiland angebaut	38	Apr. - Sept.	3.000	3	0
		Okt. - Mrz.	4.000	4	0
frischer Salat, unbekannte Wachstumsbedingungen[a]	302	Apr. - Sept.	3.000	12	0
		Okt. - Mrz.	4.000	17	0
Rucola	190	Apr. - Sept.	6.000	7	2
		Okt. - Mrz.	7.000	11	0

[a] Nach Verordnung (EG) Nr. 1881/2006 gelten die für im Freiland angebauten Salat festgelegten Höchstgehalte, wenn unter Glas/Folie angebauter Salat nicht als solcher gekennzeichnet ist.

1.13.1 Anlass der Kontrolle und Rechtsgrundlage

In den Erwägungsgründen zur Verordnung (EG) Nr. 1881/2006[45] wird zu dieser Thematik ausgeführt, dass Gemüse die Hauptquelle für die Aufnahme von Nitraten durch den Menschen ist. Es wird auf eine Stellungnahme des Wissenschaftlichen Lebensmittelausschusses (SCF) zu Nitrat und Nitrit aus dem Jahr 1995[46] Bezug genommen, in der festgestellt wurde, dass die Gesamtaufnahme an Nitraten normalerweise deutlich unter der duldbaren täglichen Aufnahme (TDI-Wert) liegt; gleichwohl wurde empfohlen, die Bemühungen zur Reduzierung der Nitratexposition aufgrund einer möglichen Entstehung von Nitriten und N-Nitrosoverbindungen durch Lebensmittel und Wasser fortzusetzen. Daher sollen die Mitgliedstaaten den Nitratgehalt von Gemüse, insbesondere von grünem Blattgemüse, überwachen und die Ergebnisse jährlich der EU-Kommission mitteilen. Höchstgehalte gelten gemäß der Verordnung (EG) Nr. 1881/2006 für Nitrat in Spinat und Salat sowie in Getreidebeikost und anderer Beikost für Säuglinge und Kleinkinder. Die Höchstgehalte für frischen Spinat und frischen Salat berücksichtigen die Abhängigkeit des Nitratgehaltes vom Erntezeitpunkt (Winter/Sommer) und der Anbauart (Freiland bzw. unter Glas/Folie).

[45] Verordnung (EG) Nr. 1881/2006 der Kommission vom 19. Dezember 2006 zur Festsetzung der Höchstgehalte für bestimmte Kontaminanten in Lebensmitteln.

[46] EC (European Commission), 1995, Opinion of the Scientific Committee for food on Nitrates and Nitrite, Reports of the SCF 38, S. 1 – 35, http://ec.europa.eu/food/fs/sc/scf/reports/scf_reports_38.pdf (aufgerufen am 31. Oktober 2011) Verordnung (EU) Nr. 1258/2011 der Kommission vom 2. Dezember 2011 zur Änderung der Verordnung (EG) Nr. 1881/2006 bezüglich der Höchstgehalte für Nitrate in Lebensmitteln.

1.13.2 Ergebnisse

Für das Berichtsjahr 2013 liegen 1.298 Ergebnisse von verschiedenen Gemüseproben in- und ausländischen Anbaus vor, die auf ihren Nitratgehalt untersucht wurden. Im Folgenden werden die Ergebnisse für Spinat, Kopfsalat und Rucola dargestellt. Die anderen Gemüsepflanzen wiesen nur geringe Nitratgehalte auf bzw. es wurden nur wenige Proben analysiert. Mit Inkrafttreten der Verordnung (EU) Nr. 1258/2011[47] am 01. April 2012 änderten sich die Höchstwerte für Nitrat in verschiedenen Lebensmitteln (siehe Tab. 1.11).

Im Jahr 2013 wurden 80 Proben frischen Spinats untersucht. Davon wies eine beanstandete Probe eine Überschreitung des Höchstwertes auf. Von 109 untersuchten Proben haltbar gemachten, tiefgefrorenen oder gefrorenen Spinats überschritt keine Probe die zulässige Höchstmenge (vgl. Tab. 1.11).

Hinsichtlich des Nitratgehaltes in frischem Salat wurden insgesamt 403 Proben analysiert. Bei 63 Proben war angegeben, dass es sich um Freilandsalat handelte und bei 38 Proben um unter Glas/Folie angebauten Salat. Von diesen Proben überschritten 15 die jeweilige Höchstmenge. Bei den übrigen Proben waren die Wachstumsbedingungen unbekannt. Für die Proben unbekannter Wachstumsbedingungen gelten nach Verordnung (EG) Nr. 1881/2006 die für im Freiland angebauten Salat festgelegten Höchstgehalte, da die Proben nicht als unter Glas/Folie angebaut gekennzeichnet wurden. Von diesen Proben wurden die Höchstgehalte in 29 Fällen überschritten.

[47] Verordnung (EU) Nr. 1258/2011 der Kommission vom 2. Dezember 2011 zur Änderung der Verordnung (EG) Nr. 1881/2006 bezüglich der Höchstgehalte für Nitrate in Lebensmitteln.

Im Berichtsjahr 2013 wurden zudem 190 Rucolaproben untersucht. Die Grenzwerte für Nitrat in Rucola wurden von 11 (Winter) bzw. 7 (Sommer) Proben (2 Beanstandungen) überschritten (vgl. Tab. 1.11).

1.14 Bericht über die Überprüfung des Ethylcarbamatgehalts in Steinobstbränden und Steinobsttrestern

1.14.1 Anlass der Kontrolle und Rechtsgrundlage

Ethylcarbamat kommt in fermentierten Lebensmitteln und alkoholischen Getränken vor, insbesondere in Steinobstbränden und Steinobsttrestern. Wichtigste Vorstufe von Ethylcarbamat sind Blausäure und ihre Salze. Sie werden aus Blausäureglycosiden freigesetzt, die in den Steinen der Früchte enthalten sind. In einer lichtinduzierten Reaktion erfolgt anschließend die Umsetzung der Vorstufen mit Ethanol zu Ethylcarbamat[48].

In den Erwägungsgründen der Empfehlung der EU-Kommission 2010/133/EU vom 2. März 2010[48] wird auf ein wissenschaftliches Gutachten des Gremiums für Kontaminanten der Europäischen Behörde für Lebensmittelsicherheit (EFSA)[49] Bezug genommen. Darin wird festgestellt, dass Ethylcarbamat in alkoholischen Getränken, vor allem in Steinobstbränden, gesundheitlich bedenklich ist und Maßnahmen ergriffen werden sollten, um die Ethylcarbamatkonzentrationen zu senken. Dem Gutachten zufolge werden Ethylcarbamat beim Tier genotoxische Eigenschaften zugeschrieben und die Verbindung wird als *Multisite*-Karzinogen eingestuft. Auch beim Menschen ist sie wahrscheinlich karzinogen.

Im Anhang der Empfehlung ist daher ein Verhaltenskodex zur Prävention und Reduzierung des Ethylcarbamatgehalts in Steinobstbränden und Steinobsttrestern enthalten. Um zu bewerten, wie sich dieser Verhaltenskodex auswirkt, überwachen die Mitgliedstaaten den Ethylcarbamatgehalt in Steinobstbränden und Steinobsttrestern in den Jahren 2010, 2011 und 2012 und übermitteln die Daten der EFSA. Als Zielwert wird 1 mg/L in trinkfertigen Spirituosen angestrebt.

1.14.2 Ergebnisse

In Abbildung 1.2 sind die Untersuchungsergebnisse für das Berichtsjahr 2013 dargestellt. Es wurden insgesamt 275 Proben von Steinobstbränden untersucht. In 66 % der Proben lag der Ethylcarbamatgehalt oberhalb der Bestimmungsgrenze und wurde quantifiziert.

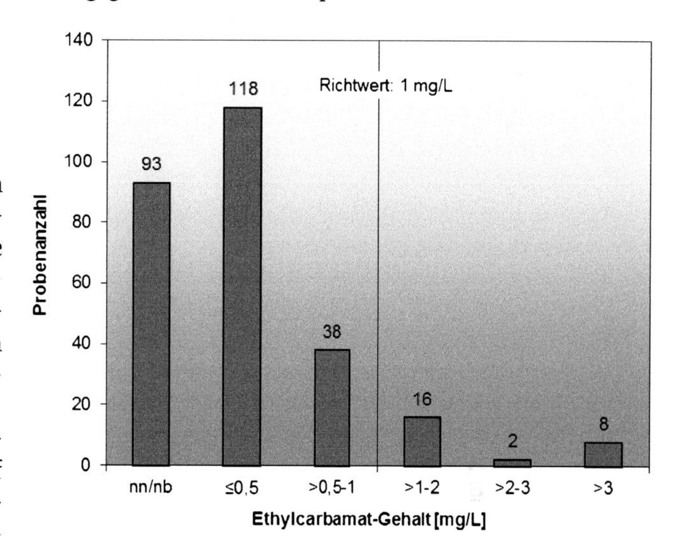

Abb. 1.2 Ergebnisse der Untersuchung von Steinobstbränden und Steinobsttrestern auf Ethylcarbamat im Jahr 2013 (Richtwert: 1 mg/L); nn = nicht nachweisbar, nb = nicht bestimmbar

Der Zielwert von 1 mg/L wurde bei 26 Proben, d. h. bei 9,4 % der Gesamtproben, überschritten. Dabei betrug der Ethylcarbamatgehalt bei 16 Proben zwischen 1 mg/L und 2 mg/L und bei 2 Proben zwischen 2 mg/L und 3 mg/L. 8 Proben lagen im Bereich über 3 mg/L. Der Maximalwert betrug 12,3 mg/L.

1.15 Bericht über Furan-Monitoring in Lebensmitteln

1.15.1 Anlass der Kontrolle und Rechtsgrundlage

Furan wird bei der Erhitzung von Lebensmitteln aus natürlichen Inhaltsstoffen gebildet. Es erwies sich im Tierversuch als karzinogen und wurde von der Internationalen Agentur für Krebsforschung (IARC) als „möglicherweise kanzerogen" für den Menschen eingestuft[50].

Gemäß den Erwägungsgründen der Empfehlung 2007/196/EG[51] veröffentlichte die *US Food and Drug*

[48] Empfehlung der Kommission vom 2. März 2010 zur Prävention und Reduzierung von Ethylcarbamat in Steinobstbränden und Steinobsttrestern und zur Überwachung des Ethylcarbamatgehalts in diesen Getränken (2010/133/EU).

[49] EFSA (Europäische Behörde für Lebensmittelsicherheit), 2007, Gutachten des Wissenschaftlichen Gremiums für Kontaminanten in der Lebensmittelkette zu Ethylcarbamat und Blausäure in Lebensmitteln und Getränken, The EFSA Journal (2007) Nr. 551, S. 1 – 44, http://www.efsa.europa.eu/de/efsajournal/doc/551.pdf (aufgerufen am 31. Oktober 2011).

[50] WHO, 1995, Furan, in: IARC Monographs on the Evaluation of Carcinogenic Risks to Humans, Dry Cleaning, Some Chlorinated Solvents and Other Industrial Chemicals 63, S. 393–407.

[51] Empfehlung der Kommission vom 28. März 2007 über ein Monitoring zum Vorkommen von Furan in Lebensmitteln (2007/196/EG).

Administration (FDA) im Mai 2004 einen Bericht[52] zum Vorkommen von Furan in hitzebehandelten Lebensmitteln, z. B. Babynahrung, Kaffee, Suppen und Soßen sowie Lebensmittel in Dosen und Gläsern. Das Wissenschaftliche Gremium für Kontaminanten in der Lebensmittelkette der Europäischen Behörde für Lebensmittelsicherheit (EFSA) kam daraufhin in einer wissenschaftlichen Stellungnahme[53] zu dem Schluss, dass für eine zuverlässige Risikobewertung weitere Daten zur Toxizität und zur menschlichen Exposition erforderlich sind. Somit wurden die Mitgliedstaaten seitens der EU mittels Empfehlung 2007/196/EG aufgefordert, ein Monitoring zum Vorkommen von Furan in hitzebehandelten Lebensmitteln durchzuführen und die Daten regelmäßig der EFSA zur Verfügung zu stellen.

1.15.2 Ergebnisse

Im Berichtszeitraum 2013 wurden dem BVL insgesamt 16 auf Furanrückstände getestete Lebensmittelproben gemeldet. Es handelte sich um Müsli und Puffmais bzw. Puffreis. Bei 10 Proben lag der Furangehalt unterhalb der Bestimmungsgrenze und bei 6 Proben wurde ein Furangehalt zwischen 0,01 mg/kg und 0,09 mg/kg ermittelt.

1.16 Bericht über die Ergebnisse der Lebensmittelkontrollen gemäß Bestrahlungsverordnung

1.16.1 Anlass der Kontrolle und Rechtsgrundlage

Grundsätzlich können Lebensmittel mit ionisierenden Strahlen behandelt werden, (a) um ihre Haltbarkeit zu erhöhen, (b) um die Anzahl unerwünschter Mikroorganismen zu verringern oder diese abzutöten, (c) zur Entwesung von Insekten oder (d) um eine vorzeitige Reifung, Sprossung oder Keimung von pflanzlichen Lebensmitteln zu verhindern. Gemäß der Rahmenrichtlinie 1999/2/EG[54] kann die Behandlung eines Lebensmittels mit ionisierender Strahlung zugelassen werden, wenn sie (i) technologisch sinnvoll und notwendig ist, (ii) gesundheitlich unbedenklich ist, (iii) für den Verbraucher nützlich ist und (iv) nicht als Ersatz für Hygiene- und Gesundheitsmaßnahmen, gute Herstellungs- oder landwirtschaftliche Praktiken eingesetzt wird. Die Bestrahlung der Lebensmittel erfolgt in speziellen, dafür zugelassenen Anlagen, und alle Lebensmittel, die als solche bestrahlt worden sind oder bestrahlte Bestandteile enthalten, müssen gekennzeichnet sein.

In allen EU-Mitgliedstaaten sind nach der Durchführungsrichtlinie 1993/3/EG[55] getrocknete aromatische Kräuter und Gewürze zur Bestrahlung zugelassen. Die Richtlinien 1999/2/EG und 1999/3/EG sind in Deutschland in der Lebensmittelbestrahlungsverordnung[56] umgesetzt. Bis zur Einigung auf eine endgültige Positivliste dürfen in einigen EU-Mitgliedstaaten in Übereinstimmung mit der Richtlinie 1999/2/EG darüber hinaus noch andere bestrahlte Lebensmittel in Verkehr gebracht werden, so u. a. in

- Großbritannien (z. B. Fische, Geflügel, Getreide und Obst),
- den Niederlanden (z. B. Hülsenfrüchte, Hühnerfleisch, Garnelen und tiefgefrorene Froschschenkel),
- Frankreich (z. B. Reismehl, tiefgefrorene Gewürzkräuter, Getreideflocken und Eiklar),
- Belgien (z. B. Erdbeeren, Gemüse und Knoblauch),
- Italien (z. B. Kartoffeln und Zwiebeln).

In Deutschland dürfen neben getrockneten Kräutern und Gewürzen aufgrund einer Allgemeinverfügung[57] auch bestrahlte Froschschenkel angeboten werden.

Gemäß der Richtlinie 1999/2/EG sollen alle EU-Mitgliedstaaten der EU-Kommission jährlich über die Ergebnisse ihrer Kontrollen berichten, die in den Bestrahlungsanlagen durchgeführt wurden (insbesondere über Gruppen und Mengen der behandelten Erzeugnisse sowie den verabreichten Dosen) und die auf der Stufe des Inverkehrbringens durchgeführt wurden. Auch soll über die zum Nachweis der Bestrahlung angewandten Methoden berichtet werden.

[52] FDA (US Food and Drug Administration), 2004, Exploratory Data on Furan in Food, http://www.fda.gov/ohrms/dockets/ac/04/briefing/4045b2_09_furan~%20data.pdf (aufgerufen am 28. Oktober 2011).

[53] EFSA (Europäische Behörde für Lebensmittelsicherheit), 2004, Report of the scientific Panel of Contaminants in the Food Chain on provisional findings on furan in food, The EFSA Journal (2004) 137, S. 1 – 20, http://www.efsa.europa.eu/de/efsajournal/doc/137.pdf (aufgerufen am 31. Oktober 2011).

[54] Richtlinie 1999/2/EG des Europäischen Parlaments und des Rates vom 22.02.1999 zur Angleichung der Rechtsvorschriften der Mitgliedsstaaten über mit ionisierenden Strahlen behandelte Lebensmittel.

[55] Richtlinie 1999/3/EG des Europäischen Parlaments und des Rates vom 22.02.1999 über die Festlegung einer Gemeinschaftsliste von mit ionisierenden Strahlen behandelten Lebensmitteln und Lebensmittelbestandteilen.

[56] Verordnung über die Behandlung von Lebensmitteln mit Elektronen-, Gamma- und Röntgenstrahlen, Neutronen und ultravioletten Strahlen (Lebensmittelbestrahlungsverordnung-LMBestrV) vom 14.12.2000 (BGBl. I 2000, S. 1730).

[57] Bekanntmachung einer Allgemeinverfügung gemäß § 54 des Lebensmittel- und Futtermittelgesetzbuches (LFGB) über das Verbringen und Inverkehrbringen von tiefgefrorenen, mit ionisierenden Strahlen behandelten Froschschenkeln (BAnz Nr. 1156, S. 4665).

Tab. 1.12 Ergebnisse der Kontrollen von Proben aus verschiedenen Lebensmittelgruppen auf der Stufe des Inverkehrbringens auf Behandlung mit ionisierenden Strahlen im Jahr 2013

Lebensmittelgruppe	Probenanzahl	nicht bestrahlt	bestrahlt (Bestrahlung zulässig), ordnungsgemäß gekennzeichnet	bestrahlt (Bestrahlung zulässig), nicht ordnungsgemäß gekennzeichnet	bestrahlt, Zulässigkeit der Bestrahlung nicht geklärt	bestrahlt (Bestrahlung nicht zulässig)
Milcherzeugnisse	1	1	–	–	–	–
Käse, Käsezubereitungen mit Kräutern/ Gewürzen	41	41	–	–	–	–
Kräuterbutter	6	6	–	–	–	–
Fleisch (ohne Geflügel und Wild)	31	31	–	–	–	–
Geflügel	118	118	–	–	–	–
Fleischerzeugnisse (ohne Wurstwaren)	51	51	–	–	–	–
Wild	1	1	–	–	–	–
Fleischerzeugnisse (außer Wurstwaren)	48	48	–	–	–	–
Wurstwaren	30	30	–	–	–	–
Fisch und Fischerzeugnisse	56	55	–	–	–	1
Krustentiere, Schalentiere und sonstige Wassertiere sowie deren Erzeugnisse	153	148	–	1	–	4
Suppen, Saucen, einschließlich Instant-Nudelsuppen und Instant-Gerichte	217	195	4	16	2	–
Getreide und Getreideerzeugnisse	10	10	–	–	–	–
Hülsenfrüchte, Ölsamen und Schalenobst	66	66	–	–	–	–
Kartoffeln und Teile von Pflanzen mit hohem Stärkegehalt	10	10	–	–	–	–
Gemüse, frisch	19	19	–	–	–	–
Gemüse, getrocknet u. a. Gemüseerzeugnisse	37	36	–	1	–	–
Pilze, frisch	14	14	–	–	–	–
Pilze, getrocknet u. a. Pilzerzeugnisse	142	142	–	–	–	–
Obst, frisch	51	51	–	–	–	–
Obst, getrocknet u. a. Obsterzeugnisse	80	80	–	–	–	–
Kaffee	1	0	–	–	–	–
Tee und teeähnliche Erzeugnisse	201	201	–	–	–	–
Fertiggerichte	24	24	–	–	–	–
Nahrungsergänzungsmittel	159	154			1	4
Würzmittel	203	197	–	6	–	–
Kräuter und Gewürze, getrocknet	1.134	1.124	–	3	–	1
Sonstiges	33	33	–	–	–	–
Summe	**2.886**	**2.835**	**4**	**27**	**3**	**11**

1.16.2 Ergebnisse

Im Jahr 2013 wurden insgesamt 2.886 untersuchte Proben gemeldet. Die Ergebnisse sind in Tabelle 1.12 dargestellt. Eine Bestrahlung wurde bei 45 Proben nachgewiesen, von diesen waren 41 Proben, d. h. 1,4 % der Gesamtprobenzahl, zu beanstanden. Grund für die Beanstandungen war, dass 27 Proben zwar zulässig bestrahlt, aber nicht ordnungsgemäß gekennzeichnet waren. 11 Proben wurden nicht zulässig bestrahlt und bei 3 bestrahlten Proben konnte nicht abschließend geklärt werden, ob die Bestrahlung zulässig gewesen war. Ein Grund dafür ist die

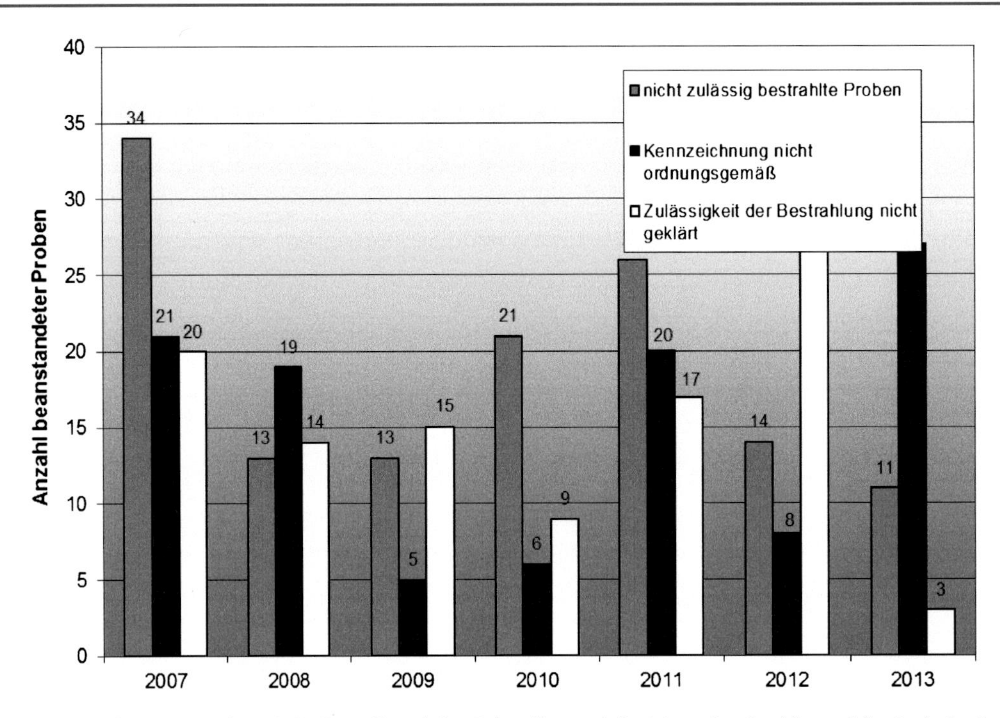

Abb. 1.3 Vergleich der Art der Beanstandung in Proben, die auf eine Behandlung mit ionisierenden Strahlen auf der Stufe des Inverkehrbringens kontrolliert wurden (im Zeitraum 2007 bis 2013)

eingeschränkte Aussagekraft der CEN-Methode EN 1788. Diese ermöglicht keine Aussage darüber, ob bei zusammengesetzten Produkten, wie Instant-Nudelgerichten oder Trockensuppen, nur die getrockneten Kräuter und Gewürze bestrahlt wurden oder das gesamte Produkt.

In Abbildung 1.3 wird die Häufigkeit der Beanstandungsgründe von 2007 bis 2013 verglichen. Bei insgesamt sinkenden Beanstandungen ist die Anzahl der Fälle, bei denen die Lebensmittel zwar zulässig bestrahlt, aber nicht ordnungsgemäß gekennzeichnet waren, deutlich angestiegen.

In 2013 wurde die größte Anzahl an Beanstandungen in den Produktgruppen Suppen und Saucen (18 Proben), Würzmittel (6 Proben), Krusten- und Schalentiere (5 Proben) und Nahrungsergänzungsmittel (5 Proben) gefunden. Nicht zulässig bestrahlt waren dabei Nahrungsergänzungsmittel (4 Proben) sowie Krusten- und Schalentiere (4 Proben). Proben, die nicht ordnungsgemäß gekennzeichnet waren, wurden hauptsächlich in der Produktgruppe Suppen und Saucen gefunden.

Für das Jahr 2013 waren hinsichtlich der Überprüfung von Bestrahlungsanlagen nach Richtlinie 1999/2/EG 4 Kontrollberichte angegeben (Fa. Synergy Health Radeberg GmbH, Radeberg; Fa. Synergy Health GmbH, Allershausen; Fa. Beta-Gamma-Service GmbH & Co. KG, Wiehl). In der Bestrahlungsanlage der Firma Beta-Gamma-Service in Bruchsal wurden 2013 keine Lebensmittel bestrahlt.

Insgesamt wurden etwa 891 Tonnen Lebensmittel bestrahlt. Davon waren etwa 103 Tonnen für die EU bestimmt. Die durchschnittliche absorbierte Dosis wurde für bestrahlte Lebensmittel mit Bestimmung für die EU mit < 10 kGy angegeben.

1.16.3 Ergebnisse aus den Berichten der EU-Kommission der Jahre 2006 bis 2011

Die Berichte der einzelnen Mitgliedstaaten über die Bestrahlung von Lebensmitteln werden jährlich zusammengefasst[58]. In Tabelle 1.13 sind die Ergebnisse der Jahre 2006 bis 2011 dargestellt. Die Menge bestrahlter Lebensmittel war im Jahr 2006 mit 15.058 t bislang am höchsten; im letzten Berichtsjahr (2011) waren es ca. 8.000 t. Fast alle Mitgliedstaaten führen jährlich amtliche Kontrollen bzgl. einer möglichen Bestrahlung von Lebensmitteln durch. Es werden jährlich europaweit über 5.000 Lebensmittel beprobt. Die Beprobungen werden in allen Berichtsjahren zu mehr als der Hälfte von Deutschland durchgeführt (vgl. Abb. 1.4).

[58] Europäische Kommission, Jährliche Berichte über die Bestrahlung von Lebensmitteln, http://ec.europa.eu/food/food/biosafety/irradiation/index_de.htm (aufgerufen am 15. März 2012).

Tab. 1.13 Vergleich der Berichtsjahre 2006 bis 2013 hinsichtlich der Bestrahlung von Lebensmitteln in der EU

	2006	2007	2008	2009	2010	2011	2012	2013
Anzahl Bestrahlungsanlagen	21 (10 MS)	22 (11 MS)	23 (12 MS)	23 (12 MS)	23 (13)	24 (13)	24 (13)	25 (13)
Menge bestrahlter Lebensmittel	15.058 t	8.154 t	8.718 t	6.637 t	9.263 t	8.067 t	7.972 t	6.876 t
Anzahl Mitgliedstaaten, die Kontrollen durchführt haben	18 (von 25)	21 (von 27)	24 (von 27)	24 (von 27)	24 (von 27)	24 (von 27)	22 (von 27)	22 (von 27)
Gesamtanzahl Lebensmittelproben	6.386	6.463	6.220	6.265	6.244	5.397	5.182	5.713
vorschriftsgemäß	6.175 (96,7 %)	6.176 (95,6 %)	6.004 (96,5 %)	6.045 (96,5 %)	6.052 (96,9 %)	5.232 (96,9 %)	4.979 (96,1 %)	5.511 (96 %)
nicht vorschriftsgemäß	211 (3,3 %)	203 (3,1 %)	142 (2,3 %)	127 (2,0 %)	144 (2,3 %)	105 (1,9 %)	123 (2,4 %)	130 (2,0 %)
nicht eindeutig[a]	0	84 (1,3 %)	74 (1,2 %)	93 (1,5 %)	48 (0,7 %)	60 (1,1 %)	80 (1,5 %)	73 (1,0 %)

[a] Nicht eindeutige Proben wurden erst ab 2007 im EU-Bericht aufgeführt; MS = Mitgliedstaat.

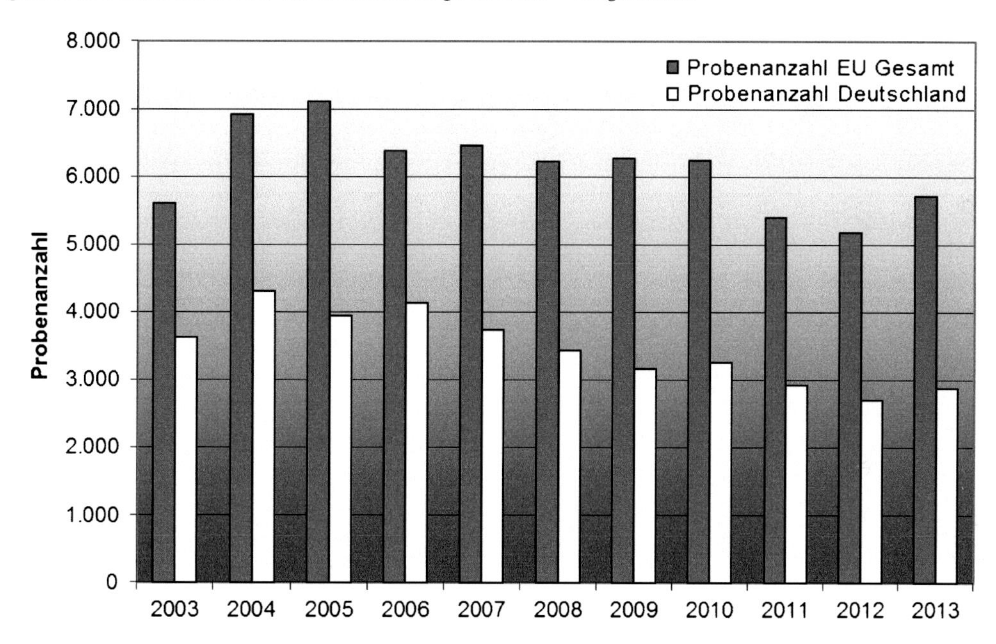

Abb. 1.4 Vergleich der Probenanzahl, die auf eine Behandlung mit ionisierenden Strahlen auf der Stufe des Inverkehrbringens kontrolliert wurden (Europa und Deutschland im Zeitraum 2003 bis 2013)

1.17 Bericht über die Kontrolle von Lebensmitteln aus Drittländern nach dem Unfall im Kernkraftwerk Tschernobyl

1.17.1 Anlass der Kontrolle und Rechtsgrundlage

Durch den Unfall im Kernkraftwerk von Tschernobyl am 26. April 1986 wurden beträchtliche Mengen radioaktiver Elemente freigesetzt und verbreiteten sich in der Atmosphäre. Um die Gesundheit des Verbrauchers zu schützen und gleichzeitig den Handel zwischen der EU und den betroffenen Drittländern nicht ungebührend zu beeinträchtigen, wurden gemäß den Erwägungsgründen der Verordnung (EWG) Nr. 737/90[59] Radioaktivitätshöchstwerte für landwirtschaftliche Erzeugnisse mit Ursprung in Drittländern festgelegt. Die Mitgliedstaaten haben die Einhaltung der Höchstwerte zu kontrollieren und die Ergebnisse der EU-Kommission mitzuteilen.

Die Verordnung (EWG) Nr. 737/90 wurde durch die Verordnung (EG) Nr. 733/2008[60] kodifiziert. Letztere wä-

[59] Verordnung (EWG) Nr. 737/90 des Rates vom 22. März 1990 über die Einfuhrbedingungen für landwirtschaftliche Erzeugnisse mit Ursprung in Drittländern nach dem Unfall im Kernkraftwerk Tschernobyl.

[60] Verordnung (EG) Nr. 733/2008 des Rates vom 15. Juli 2008 über die Einfuhrbedingungen für landwirtschaftliche Erzeugnisse mit Ursprung in Drittländern nach dem Unfall im Kernkraftwerk Tschernobyl (kodifizierte Fassung).

re 2010 außer Kraft getreten. Da aber die Überschreitung von Höchstgrenzen weiterhin nachzuweisen war und die Halbwertszeit von 30 Jahren von Cäsium-137 wissenschaftlich belegt ist, wurde die Geltungsdauer der Verordnung (EG) Nr. 733/2008 durch die Verordnung (EG) Nr. 1048/2009 um 10 Jahre bis zum 31. März 2020 verlängert.

Als Höchstwerte für die maximale kumulierte Radioaktivität von Cäsium-134 und Cäsium-137 sind 370 Bq/kg für Milch und Milcherzeugnisse sowie für bestimmte Kleinkindernahrung sowie 600 Bq/kg für alle anderen betroffenen Erzeugnisse festgelegt.

1.17.2 Ergebnisse

Im Berichtsjahr 2013 wurden von den Bundesländern insgesamt 1.184 Lebensmittelproben auf radioaktive Belastung untersucht. Davon wurde mit 753 Proben (60 %) ein Großteil im Bundesland Brandenburg analysiert. Die meisten Proben kamen aus Belarus (535 Proben), weitere Proben aus der Ukraine (57 Proben) und der Russischen Föderation (262 Proben). Es kam zu keiner Überschreitung der zulässigen Höchstwerte für die maximale kumulierte Radioaktivität von Cäsium-134 und Cäsium-137 (vgl. Tab. 1.14).

1.18 Bericht über die Kontrolle der Einfuhr von Polyamid- und Melamin-Kunststoffküchenartikeln, deren Ursprung oder Herkunft die Volksrepublik China bzw. die Sonderverwaltungsregion Hongkong (China) ist

1.18.1 Anlass der Kontrolle und Rechtsgrundlage

Für Melamin-Küchenartikel, deren Ursprung oder Herkunft China bzw. Hongkong ist, wurden Migrationswerte von Formaldehyd und primären aromatischen Aminen in Lebensmitteln gemeldet, die über den zugelassenen Werten liegen. Primäre aromatische Amine sind eine Gruppe von Verbindungen, von denen einige krebserregend sind; bei anderen besteht zumindest der Verdacht auf eine krebserregende Wirkung. Sie können aufgrund von Verunreinigungen oder Abbauprodukten in Materialien auftreten, die dazu bestimmt sind, mit Lebensmitteln in Berührung zu kommen. Gemäß der Richtlinie 2002/72/EG ist die Verwendung von Formaldehyd bei der Herstellung von Kunststoffen zulässig, sofern diese Kunststoffe nicht mehr als 15 mg/kg Formaldehyd an Lebensmittel abgeben. In den letzten Jahren hatte die EU-Kommission mehrere Initiativen eingeleitet, um die Kenntnis der Anforderungen des EU-Rechts in Bezug auf Lebensmittelkontaktmaterialien für die Einfuhr in die EU zu fördern, darunter Fortbildungsmaßnahmen für chinesische Aufsichtsbehörden und Hersteller. Trotz dieser Initiativen stellte das Lebensmittel- und Veterinäramt 2009 bei Inspektionsbesuchen in China und Hongkong schwere Mängel im amtlichen Kontrollsystem in Bezug auf Lebensmittelkontaktmaterialien aus Kunststoff für die Einfuhr in die EU fest, und große Mengen der kontrollierten Polyamid- und Melamin-Kunststoffküchenartikel, deren Ursprung oder Herkunft China bzw. Hongkong ist, erfüllen nach wie vor nicht die Anforderungen des EU-Rechts (aus den Erwägungsgründen der Verordnung (EU) Nr. 284/2011).

Daraufhin wurde die Verordnung (EU) Nr. 284/2011 der EU-Kommission vom 22. März 2011 mit besonderen Bedingungen und detaillierten Verfahren für die Einfuhr von Polyamid- und Melamin-Kunststoffküchenartikeln, deren Ursprung oder Herkunft die Volksrepublik China bzw. die Sonderverwaltungsregion Hongkong (China) ist, erlassen, die am 01. Juli 2011 in Kraft trat. Die Mitgliedstaaten haben Dokumentenprüfung, Nämlichkeitskontrollen, Warenuntersuchungen sowie Laboruntersuchungen in 10 % der Sendungen durchzuführen und die Ergebnisse der EU-Kommission quartalsweise mitzuteilen.

1.18.2 Ergebnisse

Gemäß Verordnung (EU) Nr. 284/2011 wurden von den Bundesländern 2013 insgesamt 633 eingeführte Sendungen berichtet, von denen sich 57 einer Warenuntersuchung unterzogen. Es kam zu 2 Beanstandungen.

Tab. 1.14 Anzahl und Herkunft der Proben aus verschiendenen Lebensmittelgruppen zur Überprüfung auf die Einhaltung der Radioaktivitätshöchstwerte für das Berichtsjahr 2013

Meldungen Bundesländer	Anzahl der gemeldeten Proben	davon Höchstwertüberschreitungen[a]	Drittland (keine Angabe)	Belarus	Bosnien und Herzegowina	Montenegro	Russische Föderation	Schweiz	Serbien	Türkei	Ukraine	unbekannt
Baden-Württemberg	0											
Bayern	22		22									
Berlin	21						11			2		8
Brandenburg	753			490			204				57	
Bremen	14		12									2
Hamburg	13				1		11			1		
Hessen	105		26	36			25		18			
Mecklenburg-Vorpommern	8			2			6					
Niedersachsen	2							2				
Nordrhein-Westfalen	74		74									
Rheinland-Pfalz	159		54									105
Saarland												
Sachsen	13			7		1	5					
Sachsen-Anhalt												
Schleswig-Holstein												
Thüringen												
Gesamt	**1.184**	**0**	**188**	**535**	**1**	**1**	**262**	**2**	**18**	**3**	**57**	**115**

[a] die maximale kumulierte Radioaktivität von Cäsium-134 und Cäsium-137

Nationaler Rückstandskontrollplan (NRKP) und Einfuhrüberwachungsplan (EÜP)

2

2.1 Ziele, rechtliche Grundlagen und Organisation

2.1.1 Programm und Ziele

Der Nationale Rückstandskontrollplan (NRKP) ist ein Programm zur Überwachung von Lebensmitteln tierischer Herkunft. Untersucht wird das Vorhandensein von Rückständen gesundheitlich unerwünschter Stoffe. Der NRKP umfasst verschiedene Produktionsstufen, von den Tierbeständen bis hin zu Betrieben, die Primärerzeugnisse gewinnen oder verarbeiten.

Eingeführt wurde der NRKP im Jahre 1989. Die Programmplanung und -durchführung erfolgen in der Europäischen Union (EU) nach einheitlich festgelegten Maßstäben. Der NRKP wird jährlich neu erstellt. Er enthält für jedes Land konkrete Vorgaben über die Anzahl der zu untersuchenden Tiere oder tierischen Erzeugnisse, die zu untersuchenden Stoffe, die anzuwendende Methodik und die Probenahme. Die Probenahme erfolgt zielorientiert, d. h. unter Berücksichtigung von Kenntnissen über örtliche oder regionale Gegebenheiten oder von Hinweisen auf unzulässige oder vorschriftswidrige Tierbehandlungen. Die Untersuchungen dienen somit der gezielten Überwachung des rechtskonformen Einsatzes von pharmakologisch wirksamen Stoffen, der Kontrolle der Einhaltung des Anwendungsverbotes bestimmter Stoffe und der Sammlung von Erkenntnissen über die Belastung mit Umweltkontaminanten.

Die Proben werden an der Basis der Lebensmittelkette entnommen. Das sichert die Rückverfolgbarkeit zum Ursprungsbetrieb, sodass der Erzeuger direkt für die Qualität bzw. Mängel seiner Produkte verantwortlich gemacht werden kann. Durch die zielorientierte Probenauswahl ist mit einer größeren Anzahl positiver Rückstandsbefunde zu rechnen als bei einer Probenahme nach dem Zufallsprinzip. Der NRKP ist somit nicht auf die Erhebung statistisch repräsentativer Daten ausgerichtet. Allgemeingültige Schlussfolgerungen über die tatsächliche Belastung tierischer Erzeugnisse mit unerwünschten Stoffen können daher aus den erhobenen Daten nicht abgeleitet werden.

Nach Anhang II Abs. 1 der Verordnung (EG) Nr. 136/2004 haben die Mitgliedstaaten Sendungen von Erzeugnissen, die zur Einfuhr vorgestellt werden, einem Überwachungsplan zu unterziehen. Demnach werden Kontrollen von Erzeugnissen tierischen Ursprungs aus Nicht-EU-Staaten seit 2004 nach einem bundeseinheitlichen Einfuhrrückstandskontrollplan und seit 2010 nach einem Einfuhrüberwachungsplan (EÜP) durchgeführt. Die Untersuchung der Sendungen und die Probenahmen erfolgen an den Grenzkontrollstellen.

2.1.2 Rechtliche Grundlagen (Stand zum Berichtszeitraum 2013)

Der NRKP und der EÜP sowie die Bewertung der Untersuchungsergebnisse werden auf Ebene der Europäischen Gemeinschaft (EG) auf Grundlage folgender Rechtsvorschriften[1] in ihrer jeweils aktuellen Fassung erstellt:

- Richtlinie 2001/110/EG des Rates vom 20. Dezember 2001 über Honig (ABl. L 10, S. 47)
- Richtlinie 97/78/EG des Rates vom 18. Dezember 1997 zur Festlegung von Grundregeln für die Veterinärkontrollen von aus Drittländern in die Gemeinschaft eingeführten Erzeugnissen (ABl. L 24, S. 9)
- Richtlinie 96/23/EG des Rates vom 29. April 1996 über Kontrollmaßnahmen hinsichtlich bestimmter Stoffe und ihrer Rückstände in lebenden Tieren und tierischen Erzeugnissen und zur Aufhebung der Richtlinien 85/358/EWG und 86/469/EWG und der Entscheidungen 89/187/EWG und 91/664/EWG (Amtsblatt (ABl.) L 125, S. 10)
- Richtlinie 96/22/EG des Rates vom 29. April 1996 über das Verbot der Verwendung bestimmter Stoffe mit hormonaler bzw. thyreostatischer Wirkung und von

[1] Die an dieser Stelle aufgelisteten Rechtsgrundlagen werden im Literaturverzeichnis nicht aufgeführt.

Berichte zur Lebensmittelsicherheit 2013, BVL-Reporte, DOI 10.1007/978-3-319-20858-9_2,

Beta-Agonisten in der tierischen Erzeugung und zur Aufhebung der Richtlinien 81/602/EWG, 88/146/EWG und 88/299/EWG (ABl. L 125, S. 3)
- Richtlinie 92/116/EWG des Rates vom 17. Dezember 1992 zur Änderung und Aktualisierung der Richtlinie 71/118/EWG zur Regelung gesundheitlicher Fragen beim Handelsverkehr mit frischem Geflügelfleisch (ABl. L 62, S. 1)
- Verordnung (EU) Nr. 252/2012 der Kommission vom 21. März 2012 zur Festlegung der Probenahmeverfahren und Analysemethoden für die amtliche Kontrolle der Gehalte an Dioxinen, dioxinähnlichen PCB und nicht dioxinähnlichen PCB in bestimmten Lebensmitteln sowie zur Aufhebung der Verordnung (EG) Nr. 1883/2006 (ABl. L 84 S. 1)
- Verordnung (EU) Nr. 37/2010 der Kommission vom 22. Dezember 2009 über pharmakologisch wirksame Stoffe und ihre Einstufung hinsichtlich der Rückstandshöchstmengen in Lebensmitteln tierischen Ursprungs (ABl. L 15, S. 1)
- Verordnung (EG) Nr. 470/2009 des Europäischen Parlaments und des Rates vom 6. Mai 2009 über die Schaffung eines Gemeinschaftsverfahrens für die Festsetzung von Höchstmengen für Rückstände pharmakologisch wirksamer Stoffe in Lebensmitteln tierischen Ursprungs, zur Aufhebung der Verordnung (EWG) Nr. 2377/90 des Rates und zur Änderung der Richtlinie 2001/82/EG des Europäischen Parlaments und des Rates und der Verordnung (EG) Nr. 726/2004 des Europäischen Parlaments und des Rates (ABl. L 152, S. 11)
- Verordnung (EG) Nr. 124/2009 zur Festlegung von Höchstgehalten an Kokzidiostatika und Histomonostatika, die in Lebensmitteln aufgrund unvermeidbarer Verschleppung in Futtermittel für Nichtzieltierarten vorhanden sind (ABl. L 40, S. 7)
- Verordnung (EG) Nr. 333/2007 der Kommission vom 28. März 2007 zur Festlegung der Probenahmeverfahren und Analysemethoden für die amtliche Kontrolle des Gehalts an Blei, Cadmium, Quecksilber, anorganischem Zinn, 3-MCPD und polyzyklischen aromatischen Kohlenwasserstoffen in Lebensmitteln (ABl. L 88, S. 29)
- Verordnung (EG) Nr. 1881/2006 der Kommission vom 19. Dezember 2006 zur Festsetzung der Höchstgehalte für bestimmte Kontaminanten in Lebensmitteln (ABl. L 364, S. 5)
- Verordnung (EG) Nr. 401/2006 der Kommission vom 23. Februar 2006 zur Festlegung der Probenahmeverfahren und Analysemethoden für die amtliche Kontrolle des Mykotoxingehaltes von Lebensmitteln (ABl. L 70, S. 12)
- Verordnung (EG) Nr. 396/2005 des Europäischen Parlaments und des Rates vom 23. Februar 2005 über Höchstgehalte an Pestizidrückständen in oder auf Lebens- und Futtermitteln pflanzlichen und tierischen Ursprungs und zur Änderung der Richtlinie 91/414/EWG (ABl. L 70, S. 1)
- Verordnung (EG) Nr. 882/2004 des Europäischen Parlaments und des Rates vom 29. April 2004 über amtliche Kontrollen zur Überprüfung der Einhaltung des Lebensmittel- und Futtermittelrechts sowie der Bestimmungen über Tiergesundheit und Tierschutz (ABl. L 165, S. 1)
- Verordnung (EG) Nr. 854/2004 des Europäischen Parlamentes und des Rates vom 29. April 2004 mit besonderen Verfahrensvorschriften für die amtliche Überwachung von zum menschlichen Verzehr bestimmten Erzeugnissen tierischen Ursprungs (ABl. L 139, S. 206)
- Verordnung (EG) Nr. 853/2004 des Europäischen Parlamentes und des Rates vom 29. April 2004 mit spezifischen Hygienevorschriften für Lebensmittel tierischen Ursprungs (ABl. L 139, S. 55)
- Verordnung (EG) Nr. 852/2004 des Europäischen Parlamentes und des Rates vom 29. April 2004 über Lebensmittelhygiene (ABl. L 139, S. 1)
- Verordnung (EG) Nr. 136/2004 der Kommission vom 22. Januar 2004 mit Verfahren für die Veterinärkontrollen von aus Drittländern eingeführten Erzeugnissen an den Grenzkontrollstellen der Gemeinschaft (ABl. L 21, S. 11)
- Verordnung (EG) Nr. 178/2002 des Europäischen Parlaments und des Rates vom 28. Januar 2002 zur Festlegung der allgemeinen Grundsätze und Anforderungen des Lebensmittelrechts, zur Errichtung der Europäischen Behörde für Lebensmittelsicherheit und zur Festlegung von Verfahren zur Lebensmittelsicherheit (ABl. L 31, S. 1)
- Entscheidung 2005/34/EG der Kommission vom 11. Januar 2005 zur Festlegung einheitlicher Normen für die Untersuchung von aus Drittländern eingeführten Erzeugnissen tierischen Ursprungs auf bestimmte Rückstände (ABl. L 16, S. 61)
- Entscheidung 2004/25/EG der Kommission vom 22. Dezember 2003 zur Änderung der Entscheidung 2002/657/EG hinsichtlich der Festlegung von Mindestleistungsgrenzen (MRPL) für bestimmte Rückstände in Lebensmitteln tierischen Ursprung (ABl. L 6, S. 38)
- Entscheidung 2002/657/EG der Kommission vom 12. August 2002 zur Umsetzung der Richtlinie 96/23/EG des Rates betreffend die Durchführung von Analysemethoden und die Auswertung von Ergebnissen (ABl. L 221, S. 8)
- Entscheidung 98/179/EG der Kommission vom 23. Februar 1998 mit Durchführungsvorschriften für die amtlichen Probenahmen zur Kontrolle von lebenden

Tieren und tierischen Erzeugnissen auf bestimmte Stoffe und ihre Rückstände (ABl. L 65, S. 31)

- Entscheidung 97/747/EG der Kommission vom 27. Oktober 1997 über Umfang und Häufigkeit der in der Richtlinie 96/23/EG des Rates vorgesehenen Probenahmen zum Zweck der Untersuchung in Bezug auf bestimmte Stoffe und ihre Rückstände in bestimmten tierischen Erzeugnissen(ABl. L 303, S. 12)
- Beschluss 2011/163/EU der Kommission vom 16. März 2011 zur Genehmigung der von Drittländern gemäß Art. 29 der Richtlinie 96/23/EG des Rates vorgelegten Pläne (ABl. L 70, S. 40)
- CRL-Leitfaden vom 7. Dezember 2007 zur Festlegung von empfohlenen Konzentrationen (CRL Guidance Paper [2007], CRLs view on the state of the art analytical methods for National Residue Control Plans, http://www.bvl.bund.de/SharedDocs/Downloads/09_Untersuchungen/EURL_Empfehlungen_Konzentrationsauswahl_Methodenvalierungen_EN.pdf?__blob=publicationFile&v=2).

Die im Folgenden aufgeführten Vorschriften in ihrer jeweils aktuellen Fassung stellen die entsprechenden nationalen Grundlagen für den NRKP und den EÜP sowie für die Rückstandsbeurteilung dar:

- Lebensmittel-, Bedarfsgegenstände- und Futtermittelgesetzbuch (Lebensmittel- und Futtermittelgesetzbuch – LFGB) in der Fassung der Bekanntmachung vom 03. Juni 2013 (Bundesgesetzblatt (BGBl.) I, S. 1426)
- Verordnung über die Durchführung der veterinärrechtlichen Kontrollen bei der Einfuhr und Durchfuhr von Lebensmitteln tierischen Ursprungs aus Drittländern sowie über die Einfuhr sonstiger Lebensmittel aus Drittländern (Lebensmitteleinfuhr-Verordnung – LMEV) in der Fassung der Bekanntmachung vom 15. September 2011 (BGBl. I, S. 1860)
- Verordnung zur Begrenzung von Kontaminanten in Lebensmitteln und zur Änderung oder Aufhebung anderer lebensmittelrechtlicher Verordnungen (Kontaminanten-Verordnung) vom 19. März 2010 (BGBl. I, S. 286)
- Verordnung zur Regelung bestimmter Fragen der amtlichen Überwachung des Herstellens, Behandelns und Inverkehrbringens von Lebensmitteln tierischen Ursprungs (Tierische Lebensmittel-Überwachungsverordnung – TierLMÜV) in der Fassung der Bekanntmachung vom 08. August 2007 (BGBl. I, S. 1816, 1864)
- Verordnung über Anforderungen an die Hygiene beim Herstellen, Behandeln und Inverkehrbringen von bestimmten Lebensmitteln tierischen Ursprungs (Tierische Lebensmittel-Hygieneverordnung – Tier-LMHV) in der Fassung der Bekanntmachung vom 8. August 2007 (BGBl. I, S. 1816, 1828)
- Verordnung über Anforderungen an die Hygiene beim Herstellen, Behandeln und Inverkehrbringen von Lebensmitteln (Lebensmittelhygiene-Verordnung – LMHV) vom 8. August 2007 (BGBl. I, S. 1816, 1817)
- Honigverordnung in der Fassung der Bekanntmachung vom 16. Januar 2004 (BGBl. I, S. 92)
- Verordnung über Höchstmengen an Rückständen von Pflanzenschutz- und Schädlingsbekämpfungsmitteln, Düngemitteln und sonstigen Mitteln in oder auf Lebensmitteln (Rückstands-Höchstmengenverordnung – RHmV) in der Fassung der Bekanntmachung vom 21. Oktober 1999 (BGBl. I, S. 2082, ber. 2002, S. 1004)
- Allgemeine Verwaltungsvorschrift über die Durchführung der amtlichen Überwachung der Einhaltung von Hygienevorschriften für Lebensmittel tierischen Ursprungs und zum Verfahren zur Prüfung von Leitlinien für eine gute Verfahrenspraxis (AVV Lebensmittelhygiene – AVV-LmH) in der Fassung der Bekanntmachung vom 9. November 2009 (BAnz. Nr. 178a)
- Allgemeine Verwaltungsvorschrift über Grundsätze zur Durchführung der amtlichen Überwachung der Einhaltung lebensmittelrechtlicher, weinrechtlicher, futtermittelrechtlicher und tabakrechtlicher Vorschriften (AVV Rahmen-Überwachung – AVV RÜb) vom 3. Juni 2008 (GMBl., S. 426)
- Eingreifwerte beim Nachweis natürlicher Sexualhormone
- Verschiedene arzneimittelrechtliche und tierarzneimittelrechtliche Vorschriften.

2.1.3 Organisation

Der NRKP und der EÜP werden von den Ländern gemeinsam mit dem Bundesamt für Verbraucherschutz und Lebensmittelsicherheit (BVL) als koordinierende Stelle durchgeführt. Sie sind eine eigenständige gesetzliche Aufgabe im Rahmen der amtlichen Lebensmittel- und Veterinärüberwachung der Länder.

In der Zuständigkeit des BVL liegen folgende Aufgaben:

a) Erstellung des NRKP bzw. Mitarbeit bei der Erstellung des EÜP
b) Sammlung und Auswertung der Daten zu den Untersuchungsergebnissen der Länder
c) Zusammenfassung der Daten
d) Weitergabe der Daten an die Europäische Kommission
e) Veröffentlichung der Daten
f) koordinierende Funktion zwischen den staatlichen Behörden
g) Funktion als Nationales Referenzlabor.

In der Zuständigkeit der Länder liegen folgende Aufgaben:

a) Festlegung der konkreten Vorgaben nach Maßgabe des NRKP (z. B. Verteilung der Probenzahlen auf die einzelnen Regionen)
b) Probenahme
c) Analyse der Proben
d) Erfassung der Daten
e) Übermittlung der Daten an das BVL.

2.1.4 Untersuchung

2.1.4.1 Einleitung

Die Untersuchung im Rahmen des NRKP umfasst alle der Lebensmittelgewinnung dienenden lebenden und geschlachteten Tierarten sowie Primärerzeugnisse vom Tier wie Milch, Eier und Honig. Von 1989 bis 1994 enthielt der NRKP Vorgaben für die Überwachung von Rindern, Schweinen, Schafen und Pferden. Seit 1995 werden zusätzlich auch Geflügel, seit 1998 Fische aus Aquakulturen und seit 1999 auch Kaninchen, Wild, Eier, Milch und Honig nach den EU-weit geltenden Vorschriften kontrolliert.

Der NRKP gibt jährlich ein bestimmtes Spektrum an Stoffen vor, auf das die entnommenen Proben mindestens zu untersuchen sind (Pflichtstoffe). Darüber hinaus können bei einer definierten Anzahl von Tieren und Erzeugnissen die Stoffe nach aktuellen Erfordernissen und entsprechend den speziellen Gegebenheiten in den Ländern frei ausgewählt werden (Tab. 2.1).

Die Untersuchung im Rahmen des EÜP deckt ebenfalls das gesamte Spektrum tierischer Primärprodukte bzw. Erzeugnisse ab, die über Deutschland in die Gemeinschaft eingeführt werden. Das Stoffspektrum und die Untersuchungszahlen der Länder werden entsprechend dem Risikoansatz der Verordnung (EG) Nr. 882/2004 festgelegt. Folgende Kriterien sollten bei der Risikobewertung berücksichtigt werden:

- Allgemeine Informationen und Besonderheiten über die Drittländer, die Produkte (Produktspezifika), die Betriebe und die Importeure
- Informationen aus dem Europäischen Schnellwarnsystem
- Informationen der EU-Kommission einschließlich des EU-Lebensmittel- und Veterinäramtes (FVO)
- Informationen des Bundes
- Informationen der Länder untereinander, insbesondere über aktuelle Ereignisse
- Ergebnisse der bundesweiten Überwachungsprogramme und sonstiger Kontrollen
- Schutzmaßnahmen gegenüber Drittländern.

Die Probenahme erfolgt demnach risikoorientiert auf der Grundlage der genannten Informationen. Folglich können aus den Daten keine allgemeingültigen Schlussfolgerungen über die tatsächliche Belastung der tierischen Erzeugnisse mit unerwünschten Stoffen gezogen werden. Außerdem werden bei der Festlegung und Untersuchung der Stoffe auch die Vorgaben des Nationalen Rückstandskontrollplanes berücksichtigt. Im Einzelnen wurden die Proben im Jahr 2013 auf Stoffe aus den hier genannten Stoffgruppen getestet.

2.1.4.2 Stoffgruppen nach Anhang I der Richtlinie 96/23/EG

Gruppe A – Stoffe mit anaboler Wirkung und nicht zugelassene Stoffe

Bei den Stoffen der Gruppe A handelt es sich zum größten Teil um hormonell wirksame Stoffe. Diese können physiologisch im Körper gebildet oder synthetisch hergestellt werden. Die Anwendung dieser Stoffe ist bei lebensmittelliefernden Tieren weitestgehend verboten.

A 1 Stilbene, Stilbenderivate, ihre Salze und Ester

Bei diesen Substanzen handelt es sich um synthetische nicht steroidale Stoffe mit estrogener Wirkung. Sie fördern die Proteinsynthese und damit den Muskelaufbau, was sie für den Einsatz als Masthilfsmittel interessant macht. Verboten wurden sie, weil sie im Verdacht stehen, Tumoren auszulösen, und Diethylstilbestrol (DES) zusätzlich genotoxische Eigenschaften aufweist. In der EU ist die Anwendung von Stilbenen, Stilbenderivaten sowie ihren Salzen und Estern in der Tierproduktion seit 1981 verboten. Neben DES zählen Dienoestrol und Hexestrol zu dieser Stoffgruppe.

A 2 Thyreostatika

Thyreostatika sind Stoffe, welche die Synthese von Schilddrüsenhormonen hemmen. Infolge von biochemischen Reaktionen kommt es dabei zu einer Herabsetzung des Grundumsatzes und damit bei gleicher oder geringer Nährstoffzufuhr zu einer Vermehrung der Körpermasse (Macholz und Lewerenz 1989). Dieser Körpermassezuwachs resultiert hauptsächlich aus einer erhöhten Wassereinlagerung in der Muskulatur. Thyreostatika können beim Menschen z. B. Knochenmarksschäden (Leukopenie, Thrombopenie) hervorrufen; sie wirken karzinogen und stehen in Verdacht, auch teratogen zu wirken. In der EU ist die Anwendung von Thyreostatika in der Tierproduktion seit 1981 verboten.

A 3 Steroide

Zur Stoffklasse der Steroide gehört eine Vielzahl von Verbindungen, die auf dem Grundgerüst des Sterans auf-

Tab. 2.1 (**NRKP**) Stoffgruppen bei Schlachttieren und Primärerzeugnissen gemäß Anhang II der Richtlinie 96/23/EG (X) und zusätzlich zur Richtlinie in 2013 zu untersuchende Stoffgruppen (#)

Stoffgruppe	Tierart, Tierische Erzeugnisse						
	Rinder, Schafe, Ziegen, Pferde, Schweine	Geflügel	Tiere der Aquakultur	Milch	Eier	Kaninchen-/Zuchtwildfleisch, Wild	Honig
Stilbene, Stilbenderivate, ihre Salze und Ester	×	×	×			×	
Thyreostatika	×	×				×	
Steroide	×	×	×			×	
Resorcylsäure-Lactone	×	×				×	
Beta-Agonisten	×	×				×	
Stoffe aus Tabelle 2 des Anhangs der Verordnung (EU) Nr. 37/2010	×	×	×	×	×	×	#
Antibiotika einschl. Sulfonamide u. Chinolone	×	×	×	×	×	×	×
Anthelminthika	×	×	×	×		×	
Kokzidiostatika einschl. Nitroimidazole	×	×		#	×	×	
Carbamate und Pyrethroide	×	×				×	×
Beruhigungsmittel	×						
nicht steroidale entzündungshemmende Mittel	×	×		×		×	
sonstige Stoffe mit pharmakologischer Wirkung	#	#	#		#		#
organische Chlorverbindungen einschl. PCB	×	×	×	×	×	×	×
organische Phosphorverbindungen	×	#		×	#		×
chemische Elemente	×	×	×	×		×	×
Mykotoxine	×	×	×	×			
Farbstoffe			×				
Sonstige			#				#

gebaut sind und daher zwar ähnliche chemische Eigenschaften aufweisen, jedoch biologisch unterschiedlich wirken. Das chemische Grundgerüst der Steroide besteht aus kondensierten, gesättigten Kohlenwasserstoffringen mit mindestens 17 Kohlenstoffatomen, wobei einzelne Kohlenstoffatome an der Bildung mehrerer Ringe beteiligt sind. Steroidhormone leiten sich vom Cholesterol ab. Durch verschiedene Umbauprozesse entstehen zunächst die Gestagene, aus diesen dann die Androgene und Estrogene.

Einige Stoffe dieser Gruppe wurden in der Vergangenheit als Masthilfsmittel missbraucht. Infolgedessen dürfen in der EU keine estrogen, gestagen oder androgen wirksamen Stoffe mehr an Masttiere verabreicht werden. Ihr Einsatz beschränkt sich im Wesentlichen auf die Therapie von Fruchtbarkeitsstörungen, die Brunstsynchronisation bzw. Induzierung der Laichreife, die Verbesserung der Fruchtbarkeit und auf Trächtigkeitsabbrüche bei nicht zu Mastzwecken gehaltenen Tieren. Im Rahmen der Rückstandsuntersuchung sind vier Stoffuntergruppen bei den Steroidhormonen bedeutsam, die im Folgenden erklärt werden.

Synthetische Androgene (z. B. Trenbolon, Nortestosteron, Stanozolol, Boldenon)

Androgene sind zumeist C-19-Steroide. Sie sind verantwortlich für die Ausbildung der primären und sekundären männlichen Geschlechtsmerkmale. Weiterhin bewirken sie die Steigerung der Eiweißbildung (anaboler Effekt) und die Abnahme des Lipid- und Wassergehaltes. Synthetische Androgene werden zur Steigerung der Mastleistung (schnellere Gewichtszunahme, bessere Futterverwertung) verwendet. Bedeutsame Vertreter der Gruppe der synthetischen Androgene sind 19-Nortestosteron und Trenbolon. 19-Nortestosteron, auch als Nandrolon oder 17-beta-19-Nortestosteron bezeichnet, ist ein vermehrt anabol wirkender Stoff mit verminderter androgener Wirkung. Trenbolon ist ein hochwirksames Steroid (acht- bis zehnmal stärkere Wirksamkeit als Testosteron), das nicht selten auch als Dopingmittel im Human- oder Pferdesport illegal eingesetzt wurde. 19-Nortestosteron und sein Epimer 17-alpha-19-Nortestosteron (Epinandrolon) können in Abhängigkeit vom physiologischen Zustand des Tieres, dem Alter und dem Geschlecht auch natürlicherweise bei verschiedenen Tierspezies vorkommen.

Boldenon ist ebenfalls ein potenzielles illegales Masthilfsmittel, kann aber ebenso natürlicherweise bei nicht behandelten Rindern als 17-alpha-Boldenon vorkommen. Der Nachweis von 17-beta-Boldenon bei Mastkälbern wird immer als Beweis für eine illegale Behandlung angesehen. Wird 17-alpha-Boldenon bei Kälbern im Urin in einer Menge von über 2 μg/kg nachgewiesen, erfordert dies zusätzliche Untersuchungen, um eine vorschriftswidrige Anwendung von Boldenon auszuschließen.

Eine übermäßige Zufuhr von Androgenen kann beim Menschen Fruchtbarkeitsstörungen und Lebererkrankungen induzieren, das Wachstum von Jugendlichen infolge einer beschleunigten Knochenreifung hemmen sowie eine Vermännlichung bei Frauen (zunehmende Behaarung, Vertiefung der Stimme, männliche Körperproportionen) hervorrufen.

Synthetische Estrogene (Follikelhormone, z. B. Ethinylestradiol)
Synthetische Estrogene sind Steroidhormone, die das Zellwachstum (Proliferation) der weiblichen Geschlechtsorgane (Gebärmutter, Gebärmutterschleimhaut, Scheide, Eileiter und Brustdrüsen) fördern. Zudem fördern sie die Durchblutung und die Zelldurchlässigkeit sowie das Wachstum und die Proteinsynthese. Aufgrund der anabolen (muskelaufbauenden) Wirkung wurden synthetische Estrogene in der Tiermast eingesetzt. Durch die proliferative Wirkung besteht die Gefahr eines Karzinoms der Gebärmutterschleimhaut.

Natürliche Steroide (Estradiol, Testosteron)
Estradiol ist ein natürliches Estrogen, Testosteron das wichtigste natürliche Androgen. Beide zeigen die bereits oben beschriebenen Wirkungen. Estradiol darf bei lebensmittelliefernden Tieren nur zur Behandlung von Fruchtbarkeitsstörungen und für zootechnische Zwecke, beispielsweise zur Brunstsynchronisation, angewandt werden.

Gestagene
Gestagene sind schwangerschafterhaltende Hormone. Progesteron als physiologisches Gestagen bewirkt u. a. die Vorbereitung der Gebärmutterschleimhaut für die Einlagerung der Eizelle, fördert das Wachstum der Gebärmuttermuskulatur und stellt diese ruhig. Synthetische Gestagene werden in der Landwirtschaft häufig zur Brunstsynchronisation (Zyklusblockade) eingesetzt. Durch Gestagene kommt es infolge eines vermehrten Appetits und einer verminderten Aktivität zu Gewichtszunahmen. Unerwünschte Wirkungen können z. B. in Form von Lebererkrankungen, krankhaften Veränderungen der Gebärmutterschleimhaut oder Venenerkrankungen auftreten.

A 4 Resorcylsäure-Lactone
Resorcylsäure-Lactone sind Stoffe, die als Nicht-Estrogene an die Estrogenrezeptoren anbinden, beispielsweise Zeranol (Alpha-Zearalanol). Zeranol ist eine xenobiotische (durch Pflanzen synthetisierte) Substanz mit estrogenen und anabolen Eigenschaften, aufgrund derer es in der Tiermast zur Wachstumsförderung eingesetzt wurde. Die Anwendung ist in der Europäischen Union seit 1988 verboten. Die Hauptmetaboliten von Zeranol in Säugetieren sind Taleranol und Zearalanon. Zeranol kann jedoch auch durch eine Mykotoxinkontamination des Futters in den Tierkörper gelangen. Zeranol wird entweder direkt durch die Schimmelpilzgattung *Fusarium* gebildet oder entsteht durch die Umwandlung des Mykotoxins Zearalenon, sowie seiner Metaboliten Alpha- und Beta-Zearalenol. Die Unterscheidung zwischen natürlich auftretendem Zeranol und Rückständen aus einer illegalen Verwendung eines Masthilfsmittels ist dadurch schwierig. Aufschluss kann hier eine differenzierte Bestimmung von Zeranol und seinen Metaboliten (Taleranol, Zearalanon) sowie der strukturverwandten Mykotoxine Alpha- und Beta-Zearalenol sowie Zearalenon geben. Die einzuleitenden Folgemaßnahmen richten sich dann nach der ermittelten Ursache für die Belastung.

A 5 Beta-Agonisten (Sympathomimetika)
Beta-Agonisten sind Wirkstoffe, die an den Beta-Rezeptoren der Katecholamine Adrenalin und Noradrenalin angreifen. Zudem wirken sie fettspaltend und hemmen den Eiweißabbau. Clenbuterol ist der bekannteste Vertreter der Beta-Agonisten. Es wurde ursprünglich als Asthmatikum entwickelt, in der Veterinärmedizin wird es als wehenhemmendes Mittel eingesetzt. Aufgrund der fettverbrennenden und muskelaufbauenden Wirkung wurde es missbräuchlich für Mastzwecke in der Landwirtschaft verwendet. Clenbuterol kann beim Menschen zu Herzrasen (Tachykardie), Muskelzittern sowie Kopf- und Muskelschmerzen führen. Bei lebensmittelliefernden Tieren ist der Einsatz von Clenbuterol bis auf wenige Ausnahmen und der aller anderen Stoffe aus dieser Gruppe grundsätzlich verboten.

A 6 Stoffe aus Tabelle 2 des Anhangs der Verordnung (EU) Nr. 37/2010
Tabelle 2 des Anhangs der Verordnung (EU) Nr. 37/2010 enthält die pharmakologisch wirksamen Stoffe, für die keine Rückstandshöchstmengen in tierischen Lebensmitteln festgesetzt werden können, da Rückstände dieser Stoffe in jedweder Konzentration eine Gefahr für die Gesundheit des Verbrauchers darstellen können. Die Anwendung dieser Stoffe ist bei Tieren, die der Gewinnung von Lebensmitteln dienen, verboten.

Amphenicole

Wichtigster Vertreter der Amphenicole ist Chloramphenicol, ein Breitbandantibiotikum. Chloramphenicol wurde anfangs aus *Streptomyces venezuelae* isoliert, später chemisch hergestellt. Es wurde in der Vergangenheit in der Human- und Veterinärmedizin angewandt. Dabei kam es, wenn auch in sehr seltenen Fällen, zu schweren Nebenwirkungen in Form von Schädigungen des Knochenmarks bzw. der Knochenmarkszellen mit nachfolgender Störung der Blutbildung (BfR 2014). Teilweise manifestierte sich diese als aplastische Anämie mit häufig letalem Ausgang. Chloramphenicol steht zudem in Verdacht, karzinogen für den Menschen zu wirken, und auch genotoxische Effekte wurden beschrieben. Nach Bewertung der EFSA bedarf es hier jedoch weiterer Daten zur Beurteilung (EFSA 2014). Gleiches gilt auch für Studienergebnisse hinsichtlich des Vorkommens von Chloramphenicol in Ackerböden. Diese belegen die Bildung des Stoffes durch im Boden vorkommende *Streptomyces venezuelae*-Stämme sowie seine Aufnahme in Weizen- und Maispflanzen (Berendsen et al. 2013). Zwar kann Chloramphenicol so in die Nahrungskette gelangen, die zu erwartenden Konzentrationen sind jedoch äußerst gering (BfR 2014).

Aufgrund der schweren Nebenwirkungen wird Chloramphenicol in der Humanmedizin nur noch lokal oder als Reserveantibiotikum bei schweren, sonst nicht zu beherrschende Infektionskrankheiten wie beispielsweise Typhus, Ruhr und Malaria angewendet.

Die Anwendung bei lebensmittelliefernden Tieren wurde 1994 in der EU verboten. Das Verbot basiert auf der Beurteilung des Europäischen Ausschusses für Tierarzneimittel (Commitee for Veterinary Medicinal Products – CVMP), wonach festgestellt wurde, dass für Chloramphenicol kein ADI-Wert (*Acceptable Daily Intake*; akzeptable tägliche Aufnahme) ableitbar ist, da kein Schwellenwert für die Auslösung der aplastischen Anämie beim Menschen bekannt ist. Chloramphenicol-Rückstände müssen daher unabhängig von ihrem Gehalt als eine Gefahr für die Gesundheit des Verbrauchers angesehen werden. Über den tatsächlichen Umfang des Verbraucherrisikos ist damit jedoch nichts ausgesagt (BgVV 2002a).

Nitrofurane

Nitrofurane sind breitwirkende Chemotherapeutika, die gegen viele Bakterien, zum Teil auch gegen Kokzidien, Hefearten und Trichomonaden wirken. Sie werden durch Abspaltung ihrer Nitrogruppe in den Bakterien zu reaktiven Produkten, die Chromosomenbrüche in den Bakterien auslösen. Sie schädigen auch den Stoffwechselzyklus der Erreger. Die bei der Umwandlung im Säugetierorganismus entstehenden reaktiven Metaboliten sowie die Veränderungen im Stoffwechsel wirken mutagen und karzinogen (BgVV 2002b), weshalb Nitrofurane in der EU bei lebensmittelliefernden Tieren nicht mehr angewandt werden dürfen. In der Veterinärmedizin finden vor allem Furazolidon, Furaltadon, Nitrofurantoin und Nitrofurazon Verwendung. Im Tierkörper sind häufig nur noch deren Metaboliten 3-Amino-2-oxazolidinon (AOZ), 5-Methylmorpholino-3-amino-2-oxazolidinon (AMOZ), 1-Aminohydantoin (AHD) und Semicarbazid (SEM) nachzuweisen (BgVV 2002c). Daher wird im Rahmen des NRKP bevorzugt auf diese Stoffe untersucht.

Nitroimidazole

Nitroimidazole sind Antibiotika, die bakterizid gegen fast alle anaeroben Bakterien und viele Protozoen wirken. Sie besitzen wie die Nitrofurane eine Nitrogruppe im Molekül. Diese wird von den Bakterien abgespalten, wodurch reaktive Produkte entstehen, die die Bakterien schädigen. Vergleichbar den Nitrofuranen entstehen reaktive Stoffwechselprodukte im Säugetierorganismus, wodurch Nitroimidazole in Verdacht stehen, mutagene bzw. karzinogene Wirkungen zu besitzen.

Der wichtigste Vertreter der Gruppe ist Metronidazol. Neben den erwähnten Eigenschaften, führten fehlende Daten über Abbauvorgänge im Organismus (EMEA 1997a) seit 1998 zu einem Anwendungsverbot des Stoffes bei lebensmittelliefernden Tieren. Vor dem mit der Verordnung (EG) Nr. 613/98 erlassenen Anwendungsverbot war Metronidazol ein probates Mittel zur Behandlung der Dysenterie, einer bakteriellen Darmkrankheit bei Schweinen. Das Auftreten von Dysenterie bei Schweinen kann daher ein Beweggrund sein, diesen Stoff trotz des Verbots einzusetzen. Ein solcher Einsatz kann zu Rückständen in Lebensmitteln führen. Metronidazol wird nach der Anwendung im Organismus teilweise enzymatisch zu Hydroxymetronidazol umgewandelt. Die Analytik im Rahmen des NRKP beschäftigt sich daher mit dem Nachweis sowohl der Ausgangssubstanz als auch des Hydroxymetronidazols.

Weitere Vertreter dieser Gruppe, deren Anwendung bei lebensmittelliefernden Tieren ebenfalls verboten ist, sind Dimetridazol und Ronidazol.

Beruhigungsmittel

Beruhigungsmittel (Sedativa) sind zentralwirksame Arzneimittel, die sensorische, vegetative und motorische Nervenzentren dämpfen. Als Vertreter dieser Gruppe sind Chlorpromazin und im Berichtszeitraum auch Chloroform (Trichlormethan) nicht für die Anwendung bei lebensmittelliefernden Tieren zugelassen. Chlorpromazin wirkt als Neuroleptikum, Antihistaminikum und Antiemetikum. Es liegen nur ungenügende Toxizitäts- und Rückstandsdepletionsdaten vor, zudem kann es bei Sonnenexposition eine Photosensibilisierung an unpigmentierten Hautstellen bewirken (Löscher et al. 2010) sowie photoallergische Kontaktdermatitiden auslösen (BAuA 2011).

Chloroform, welches in der Vergangenheit als Narkosemittel angewendet wurde, kann Schädigungen an Herz und Leber bedingen und steht zudem in Verdacht, krebserregend zu wirken. Entsprechend begrenzt ist die Anwendung des Stoffes in der Veterinärmedizin.

Die Europäischen Arzneimittel-Agentur (EMA), Ausschuss für Tierarzneimittel, sprach sich in einem Antragsverfahren auf Festsetzung einer Rückstandshöchstmenge für Chloroform bei Wiederkäuern und Schweinen dafür aus, dass keine Rückstandshöchstmenge für diesen Stoff bei allen zur Lebensmittelerzeugung genutzten Säugetierarten festgesetzt werden muss.

Somit wurde Chloroform mit Inkrafttreten der Verordnung (EU) Nr. 19/2014 zum 31. Januar 2014 aus Tabelle 2 (verbotene Stoffe) des Anhangs der Verordnung (EU) Nr. 37/2010 gestrichen und in Tabelle 1 aufgenommen. Gleichzeitig wurde zum Schutz der menschlichen Gesundheit die Verwendung von Chloroform auf die Verwendung als Hilfsstoff in Impfstoffen beschränkt. Zudem wurde die Menge, die verabreicht werden darf, begrenzt.

Chloroform hat zudem Bedeutung als Prozesskontaminante bei der Reinigung und Desinfektion mit chlorhaltigen Mitteln (Aktivchlor). Hier kann es bei ungenügendem Nachspülen zu einem Eintrag ins Lebensmittel kommen. Bei der weiteren Verarbeitung reichert sich das Trichlormethan im fetthaltigen Produkt an. Die Kontaminanten-Verordnung schreibt daher einen maximal zulässigen Höchstgehalt von 0,1 mg/kg für alle Lebensmittel vor.

Gruppe B – Tierarzneimittel und Kontaminanten

Der Einsatz von Tierarzneimitteln ist rechtlich zulässig, sofern Höchstmengen (MRL = *Maximum Residue Limit*) festgelegt wurden und die Tierarzneimittel zugelassen sind. MRLs sind in der Verordnung (EU) Nr. 37/2010 geregelt. Um ein Gesundheitsrisiko für den Verbraucher zu vermeiden, sind nach der Anwendung tierartspezifische Wartezeiten einzuhalten, bevor ein Tier geschlachtet werden darf oder tierische Erzeugnisse verwendet werden dürfen. Bei sachgerechter Anwendung ist davon auszugehen, dass nach Ablauf der Wartezeit keine Höchstmengenüberschreitungen mehr festgestellt werden.

B 1 Stoffe mit antibakterieller Wirkung, einschließlich Sulfonamide und Chinolone

Sulfonamide

Mit der Entdeckung der Wirksamkeit der Sulfonamide begann 1935 die Ära der antibakteriellen Chemotherapie. Inzwischen wurden mehr als 50.000 Sulfonamide hergestellt und untersucht, etwa 30 werden als Arzneimittel eingesetzt (z. B. Sulfadiazin, Sulfathiazol und Sulfadimidin). Sulfonamide sind Amide aromatischer Sulfonsäuren. Aufgrund struktureller Ähnlichkeit mit der mikrobiellen para-Aminobenzoesäure verdrängen sie diese aus dem Stoffwechsel und stören so die Folsäuresynthese empfindlicher Organismen. Da in Säugetierzellen keine Folsäure synthetisiert wird, sind Sulfonamide für Menschen und Tiere relativ gut verträglich. Sulfonamide sind gegen ein breites Spektrum von Bakterien und Protozoen wirksam. Allerdings haben inzwischen zahlreiche Erreger Resistenzen entwickelt. Durch Kombination mit Trimethoprim und anderen Diaminopyrimidinen kann die Wirksamkeit der Sulfonamide potenziert werden. Die Sulfonamide werden heute meist in dieser potenzierten Form verwendet. Sulfonamide gehören zu den häufig eingesetzten Tierarzneimitteln. Nach Behandlung der Tiere verteilen sie sich sehr gut im gesamten Organismus und gelangen dabei auch in Milch und Eier. Bei Einhaltung der gesetzlich vorgeschriebenen Wartezeiten ist eine Gefährdung des Verbrauchers ausgeschlossen. Neben diesem direkten Eintrag in die Nahrungskette kann es in Ausnahmefällen zu einer indirekten Belastung von Tieren kommen. Sulfonamide persistieren lange in der Umwelt und können daher unter ungünstigen Umständen auch nach Abschluss einer Behandlung von Tieren ungewollt aufgenommen werden.

Tetracycline

Tetracycline sind Antibiotika, die von Arten der Gattung Streptomyces produziert werden. Vertreter dieser Gruppe sind Chlortetracyclin, Oxytetracyclin und Tetracyclin sowie Doxycyclin, das zur neueren Generation der Tetracycline gehört. Tetracycline hemmen die bakterielle Proteinsynthese an den Ribosomen und damit das Bakterienwachstum. Sie besitzen ein breiteres Wirkspektrum, jedoch wurden ihnen gegenüber bereits vielfach Resistenzen beobachtet. Tetracycline nehmen mengenmäßig den größten Anteil an abgegebenen antimikrobiellen Wirkstoffen in der Veterinärmedizin ein (GERMAP 2012).

Chinolone

Chinolone erreichen ihre bakterizide Wirkung durch Hemmung des Enzyms DNA-Gyrase, welches die Bakterien benötigen, um bei der Zellteilung einen geschnittenen DNA-Strang wieder zusammenzufügen. Sie wirken gegen ein breites Erregerspektrum. Vielfach werden Chinolone dann eingesetzt, wenn mikrobielle Resistenzen gegenüber anderen Mitteln vorliegen. Chinolone können bei einem noch nicht ausgewachsenen Skelett Knorpelschäden hervorrufen.

Zu den Chinolonen zählen beispielsweise Marbofloxacin, Difloxacin, Sarafloxacin, Danofloxacin, Enrofloxacin und dessen Stoffwechselprodukt Ciprofloxacin.

Makrolide

Makrolide erzielen ihre bakteriostatische Wirkung über die Hemmung des Enzyms Translokase, wodurch die Proteinsynthese gehemmt wird. Makrolide wirken vor allem gegen grampositive Erreger. Als erster Vertreter der Makrolid-Antibiotika wurde Erythromycin aus *Streptomyces erythreus* isoliert. Tylosin, Tilmicosin, Tulathromycin und Spiramycin zählen ebenfalls zu dieser Gruppe. Da Makrolide nur ein spezifisches Enzym hemmen, bilden Erreger relativ schnell Resistenzen gegen diese Stoffe aus.

Aminoglycoside

Antibiotika aus der Gruppe der Aminoglycoside sind basische und stark polare Stoffe. Wie bereits der Name „Aminoglycoside" sagt, sind es zuckerartige Moleküle mit mehreren Aminogruppen. Wichtige Vertreter dieser Arzneimittelgruppe sind Streptomycin, eines der ersten therapeutisch verwendeten Antibiotika, Dihydrostreptomycin sowie Gentamicin, Neomycin, Kanamycin und Spectinomycin. Aminosidin und Apramycin zählen ebenfalls zu dieser Gruppe. Die Aminoglycosid-Antibiotika wirken bakteriostatisch über die Hemmung der Proteinsynthese an den Ribosomen der Erreger. Aminoglycoside werden in der Tiermedizin bei den lebensmittelliefernden Tieren Rind und Schwein u. a. bei Infektionen des Atmungstraktes, des Verdauungstraktes, der Harnwege, der Geschlechtsorgane und bei Septikämie (Blutvergiftung) eingesetzt. Angewendet werden sie meist als Injektionslösung, aber auch oral verwendbare Präparate sind verfügbar, die jedoch nur in geringem Maße resorbiert werden. Aminoglycoside wirken vor allem gegen gramnegative Bakterien, aber auch gegen einige grampositive Keime wie Staphylokokken. Ausgeschieden werden Aminoglycoside vor allem über die Niere. Dort sind sie nach einer Anwendung auch am längsten nachweisbar. Positive Befunde (Höchstmengenüberschreitungen) werden daher meist in der Niere festgestellt. Nur bei sehr hohen Aminoglycosidgehalten in der Niere sind auch noch im Muskelgewebe Mengen oberhalb der zulässigen Toleranzen zu erwarten. Angesichts nur weniger positiver Befunde, meist nur in der selten verzehrten Niere, ist das Risiko für den Verbraucher eher gering. Nicht eingehaltene Wartezeiten für Niere gelten als häufigste Ursache positiver Befunde. Gelegentlich wird auch vermutet, dass durch die Erkrankung des behandelten Tieres Antibiotika langsamer ausgeschieden werden und es damit zu erhöhten Rückständen kommt.

Beta-Laktam-Antibiotika

Hierbei handelt es sich um eine Antibiotikagruppe mit einem Beta-Laktam-Ring. Beta-Laktam-Antibiotika wirken bakterizid, indem sie die Zellwandsynthese der Bakterien bei der Zellteilung hemmen. Zu den Beta-Laktam-Antibiotika zählen u. a. Penicilline und Cephalosporine.

Penicilline

Der bekannteste Vertreter dieser Gruppe ist (Benzyl-) Penicillin, eines der ältesten Antibiotika. (Benzyl-) Penicillin wurde bereits 1929 aus Kulturen des Schimmelpilzes *Penicillium notatum* extrahiert und ab 1941 klinisch erprobt. Heute werden Penicilline halbsynthetisch hergestellt. Mit Einfügen einer Aminogruppe am Benzylrest wurde das Wirkspektrum der Penicilline erweitert. Vertreter dieser neueren Aminopenicilline sind Ampicillin und Amoxicillin. Inzwischen existieren viele Allergien gegen Penicillin und verwandte Stoffe, die von leichten Hautreaktionen bis zum anaphylaktischen Schock reichen können.

Cephalosporine

Cephalosporine sind Breitbandantibiotika, die halbsynthetisch gewonnen werden. Zu dieser Gruppe gehören beispielsweise Cefalexin und Cefaperazon. Natürlicherweise kommen Cephalosporine im Schimmelpilz *Cephalosporium acremonium* vor. Cephalosporine wirken in unterschiedlichem Maß nierenschädigend.

Diamino-Pyrimidin-Derivate

Diamino-Pyrimidin-Derivate wirken durch Hemmung der bakteriellen Folsäuresynthese bakteriostatisch. In Kombination mit Sulfonamiden potenziert sich die Wirkung und die Kombinationspräparate wirken bakterizid. Ein bekannter Vertreter der Diamino-Pyrimidin-Derivate ist beispielsweise Trimethoprim.

Polymyxine

Polymyxine, wie beispielsweise Colistin und Polymyxin B, gehören zur Gruppe der Polypeptid-Antibiotika. Sie stören die Zellwandpermeabilität der Bakterien und wirken dadurch bakterizid. Nach parenteraler Applikation besitzen die Polymyxine ein hohes neuro- und nephrotoxisches Potenzial.

Lincosamide

Lincosamide gehören zu den Aminoglycosid-Antibiotika. Sie wirken vorwiegend bakteriostatisch und sind nur in hohen Konzentrationen gegenüber empfindlichen Erregern durch Hemmung der Proteinsynthese bakterizid. Ein Vertreter dieser Gruppe ist Lincomycin.

Pleuromutiline
Pleuromutiline sind halbsynthetische Antibiotika mit bakteriostatischer Wirkung durch Hemmung der Proteinsynthese. Zu dieser Gruppe zählt beispielsweise das nur in der Veterinärmedizin angewendete Tiamulin.

B 2 Sonstige Tierarzneimittel
B 2a) Anthelminthika
Anthelminthika sind Medikamente zur Bekämpfung von Wurminfektionen. Sie greifen in den Stoffwechsel von Würmern (Nematoden/Fadenwürmer, Zestoden/Bandwürmer, Trematoden/Saugwürmer) ein oder beeinflussen deren neuromuskuläre Übertragungsmechanismen, sodass die gelähmten Darmparasiten mit der Peristaltik ausgeschieden werden. Das Wirkspektrum (Entwicklungsstadien und adulte Formen der verschiedensten Helminthen) ist je nach verwendetem Mittel unterschiedlich. Bekannte Wirkstoffgruppen mit einem breiten Wirkspektrum bei gleichzeitiger guter Verträglichkeit für das Wirtstier sind Avermectine und Benzimidazole. Avermectine sind Fermentationsprodukte des in Japan als natürlicher Bodenorganismus vorkommenden Strahlenpilzes *Streptomyces avermitilis*. Ein großer Teil der Avermectine wie Ivermectin, Doramectin oder Eprinomectin werden teilsynthetisch hergestellt. Zu den Benzimidazolen zählen beispielsweise Albendazol, Thiabendazol, Mebendazol, Fenbendazol, Flubendazol und Triclabendazol.

B 2 b) Kokzidiostatika einschließlich Nitroimidazole
Kokzidien sind Einzeller (Protozoen), die vor allem das Darmepithel, aber auch Leber und Niere befallen, wodurch die Aufnahme von Nährstoffen und das Wachstum verhindert werden. Die Infektionen verlaufen oft tödlich und können sich rasch ausbreiten. In der Geflügelhaltung stellt die Kokzidiose eine der häufigsten Erkrankungen dar. Kokzidiostatika werden meist zur Prophylaxe bzw. Metaphylaxe über das Futter verabreicht. Sie hemmen die endogene Entwicklung von Kokzidien in den Zellen. Wichtige Vertreter sind beispielsweise Nicarbazin, Lasalocid, Monensin, Maduramicin, Toltrazuril und Diclazuril. Nicarbazin (Markerrückstand Dinitrocarbanilid/DNC) blockiert den Entwicklungszyklus der Parasiten durch Hemmung der Folsäuresynthese. Auch wird eine direkte Schädigung der Reproduktionsorgane beobachtet. Lasalocid, Monensin und Maduramicin stören den Ionenaustausch in den Zellen. Als Folge tritt Wasser ein, wodurch die Zellen zerstört werden. Der genaue Wirkmechanismus von Diclazuril ist nicht bekannt. Es beeinträchtigt die meisten Kokzidienspezies während der asexuellen Entwicklung, die Oozystenausscheidung wird reduziert und die Sporulationsfähigkeit ausgeschiedener Kokzidien vermindert.

Ionophore wie Monensin und Salinomycin wurden in der Vergangenheit als Wachstumsförderer bei Rindern und Schweinen angewendet. Diese Anwendung von Salinomycin ist seit 2006 in der EU verboten. Monensin darf nur innerhalb der zugelassenen Höchstmengen bei zur Lebensmittelgewinnung genutzten Tieren verwendet werden. Ebenso bestehen Höchstmengen für Lasalocid, Toltrazuril und Diclazuril. Nicarbazin, Maduramicin und Meticlorpindol dürfen bei lebensmittelliefernden Tieren nicht angewendet werden.

Nitroimidazole sind bakterizid wirkende Antibiotika, die gegen die meisten anaeroben Bakterien und viele Protozoen wirken (siehe auch unter Abschnitt „A 6 Stoffe aus Tabelle 2 des Anhangs der Verordnung (EU) Nr. 37/2010“).

Neben den in Tabelle 2 des Anhangs der Verordnung (EU) Nr. 37/2010 genannten Nitroimidazolen, deren Rückstände in jedweder Konzentration eine Gefahr für die Gesundheit des Verbrauchers darstellen können, gehören weitere Vertreter, wie z. B. Tinidazol und Ipronidazol, zu dieser Gruppe. Auch diese Stoffe dürfen nicht bei Tieren, die der Lebensmittelgewinnung dienen, angewendet werden, da keine Rückstandshöchstmengen in der Verordnung (EU) Nr. 37/2010 festgelegt worden sind.

B 2 c) Carbamate und Pyrethroide
Carbamate sind Ester der Carbaminsäure. Sie haben zum einen eine indirekte parasympathomimetische, zum anderen eine insektizide und akarizide Wirkung. Dementsprechend werden Carbamate als Therapeutika, z. B. bei Darm- und Blasenatonie, oder sehr häufig auch als Schädlingsbekämpfungsmittel gegen Ektoparasiten eingesetzt. Vertreter dieser Gruppe sind beispielsweise Carbendazim, Methomyl und Propoxur.

Pyrethroide sind Insektizide, die ursprünglich dem Gift der Chrysantheme, dem Pyrethrum, sehr ähnlich waren. Ihre chemische Struktur wurde im Laufe der Jahre erheblich verändert. Pyrethroide sind schnell wirksame Kontaktgifte gegen Insekten und besitzen ebenfalls eine akarizide Wirkung. Das zu dieser Gruppe gehörende Permethrin ist das meistverwendete Insektizid überhaupt, weitere Vertreter sind Fenvalerat, Deltamethrin, Bifenthrin und Lambda-Cyhalothrin.

B 2 d) Beruhigungsmittel
Beruhigungsmittel (Sedativa) sind zentralwirksame Arzneimittel, die sensorische, vegetative und motorische Nervenzentren dämpfen. Sie werden beispielsweise in der Anästhesiologie zur Beruhigung eingesetzt oder auch bei Angstzuständen, wie sie bei Versagen von lebenswichti-

gen Funktionen, z. B. der Atmung, auftreten. Jedoch ist auch eine Verabreichung zur Ruhigstellung während des Transports zur Schlachtung beobachtet worden. Dieses behindert eine ordnungsgemäße Lebendtierbeschau vor der Schlachtung und bedingt eventuell unzulässige Arzneimittelrückstände. Vertreter dieser Gruppe sind beispielsweise Azaperon, Acepromazin, Diazepam und Xylazin.

B 2 e) Nicht steroidale entzündungshemmende Mittel

Die Wirkung dieser entzündungshemmenden (antiinflammatorischen) Mittel beruht auf der Hemmung des Enzyms Cyclooxygenase. Dadurch ist die Bildung von Prostaglandinen gestört, die als Entzündungsmediatoren fungieren. Daneben wirken die Mittel schmerzstillend. Anwendungsgebiete dieser Wirkstoffgruppe sind vor allem akute entzündliche Erkrankungen des Bewegungsapparates und Gewebsverletzungen, auch als Folge von Operationen. Vertreter dieser Gruppe sind beispielsweise Phenylbutazon, Vedaprofen, Diclofenac, Flunixin, Meloxicam und Metamizol.

B 2 f) Sonstige Stoffe mit pharmakologischer Wirkung

Dieser Gruppe sind die synthetischen Kortikosteroide zugeordnet. Ein bekannter Vertreter ist das Dexamethason. Dexamethason ist ein synthetisches Glukokortikoid, welches sich von dem natürlich vorkommenden Hydrokortison ableitet. Natürliche Glukokortikoide sind Hormone der Nebennierenrinde. Sie regulieren den Kohlenhydrat-, Fett- und Eiweißstoffwechsel sowie den Wasser- und Elektrolythaushalt. Weiterhin wirken sie auf das Herz-Kreislauf- und das zentrale Nervensystem und besitzen eine entzündungshemmende Wirkung. Die Verabreichung von Dexamethason an lebensmittelliefernde Tiere ist zu therapeutischen Zwecken erlaubt, z. B. zur Behandlung von entzündlichen und den Stoffwechsel betreffenden Krankheiten. Aufgrund seiner wachstumsfördernden Wirkung kann Dexamethason illegal in der Tiermast eingesetzt werden, z. B. bei Mastkälbern durch Zugabe in den Milchersatz oder Injektion. Dexamethason bewirkt eine Erhöhung des Wasseranteils im Fleisch und ein damit verbundenes höheres Gewicht. Weiterhin wirkt es appetitfördernd. Dexamethason wurde außerdem illegal in Kombination mit Beta-Agonisten (z. B. Clenbuterol) eingesetzt, da es deren wachstumsfördernde Wirkung in synergistischer Weise unterstützt.

Als weitere synthetische Glukokortikoide dieser Gruppe sind Prednisolon, Methylprednisolon und Betamethason zu nennen.

Ebenfalls dieser Gruppe zugeordnet sind Betablocker. Betablocker, wie der häufig in der Humanmedizin eingesetzte Wirkstoff Metoprolol, besetzen die Rezeptoren der Katecholamine Adrenalin und Noradrenalin an verschiedenen Organen und hemmen damit die Wirkung dieser „Stresshormone". Betablocker werden meist bei Erkrankungen des Herz-Kreislauf-Systems, beispielsweise zur Behandlung von arteriellem Bluthochdruck, bei koronarer Herzkrankheit oder bei Herzinsuffizienz angewendet.

Für Metoprolol ist keine Rückstandshöchstmenge in der Verordnung (EU) Nr. 37/2010 festgelegt worden, weshalb es nicht bei Tieren angewendet werden darf.

Zu den sonstigen Stoffen mit pharmakologischer Wirkung zählen zudem Amitraz und Nikotin.

Amitraz ist ein Antiparasitikum, welches gegen Ektoparasiten, wie Milben und Zecken wirkt. Der Stoff besitzt zudem insektizide Wirkung und könnte daher als Pflanzenschutzmittel eingesetzt werden, wofür derzeit jedoch keine Zulassung besteht. Für die Anwendung als Ektoparasitikum sind für einige der zur Lebensmittelerzeugung genutzten Tierarten Rückstandshöchstmengen festgelegt.

Nikotin ist das Hauptalkaloid der Tabakpflanze, das aber auch in geringen Gehalten in Nachtschattengewächsen, wie z. B. Kartoffeln, Tomaten und Auberginen, oder in anderen Pflanzen, wie z. B. Blumenkohl, vorkommt. Nikotin kann ebenso synthetisch hergestellt werden.

Nikotin ist ein starkes Gift. Es hemmt die nervale Erregungsübertragung und kann durch Lähmung der Lunge zum Ersticken führen. Geringere Dosen bewirken Blutgefäßverengungen und daraus resultierenden Bluthochdruck, die Gefahr von Thrombosen und Schlaganfällen steigt. Nikotin wird nach oraler, inhalativer oder perkutaner Aufnahme in den Körper in allen Geweben verteilt. Einer der wichtigsten Metaboliten dieses intensiven Stoffwechsels ist Cotinin.

Das synthetisch hergestellte Rohnikotin wurde als Schädlingsbekämpfungsmittel in Landwirtschaft und Gartenbau sowie als Desinfektionsmittel eingesetzt. Seit dem Inkrafttreten der Verordnung (EG) Nr. 2032/2003 sind nikotinhaltige Schädlingsbekämpfungs- und Desinfektionsmittel nicht mehr verkehrsfähig. Andere zulässige Anwendungsgebiete bei lebensmittelliefernden Tieren gibt es ebenfalls nicht. Rückstände auf Tieren, die der Lebensmittelgewinnung dienen, sowie in Lebensmitteln tierischer Herkunft dürfen daher nicht auftreten.

B 3 Andere Stoffe und Kontaminanten

B 3 a) Organische Chlorverbindungen, einschließlich polychlorierter Biphenyle (PCB)

In dieser Gruppe sind u. a. Stoffe wie Dioxine oder chlorierte Kohlenwasserstoffe, wie beispielsweise PCB, DDT, DDE, HCH, Lindan und HCB, zusammengefasst[2].

[2] DDD = Dichlordiphenyldichlorethan, DDE = Dichlordiphenyldichlorethen, DDT = Dichlordiphenyltrichlorethan, HCH = Hexachlorcyclohexan, Lindan = γ-Hexachlorcyclohexan, PCP = Pentachlorphenol.

Als Dioxine bezeichnet man im allgemeinen Sprachgebrauch eine Gruppe von chlorierten organischen Verbindungen, deren Grundstruktur aus Benzolringen mit zwei oder mehr Sauerstoffatomen besteht. Dioxine entstehen als unerwünschte Nebenprodukte in Verbrennungsprozessen, bei denen Spuren von Chlor und Brom vorhanden sind, weiterhin bei verschiedenen industriellen Prozessen, wie z. B. der Chlorbleichung in der Papierindustrie, bei der Herstellung bestimmter chlorierter Kohlenwasserstoffe (PCP, PCB) oder bei der Produktion von Pflanzenschutzmitteln. Traurige Berühmtheit erlangte das 2,3,6,7-Tetrachlor-benzodioxin im Jahr 1976 als Seveso-Gift. Dioxine wirken immuntoxisch, teratogen und karzinogen. Sie rufen Leber- und Hautschädigungen (Chlorakne, Hyperkeratose) hervor. Dioxine persistieren lange in der Umwelt. Sie reichern sich besonders in Böden, aber auch in Gewässern und Pflanzen an und gelangen so in die Nahrungskette von Mensch und Tier. Aufgrund ihrer Fettlöslichkeit lagern sich Dioxine vor allem im Fettgewebe ab.

Polychlorierte Biphenyle (PCB) fanden weltweit eine breite Anwendung, z. B. in Transformatoren und Kondensatoren, in Hydraulikflüssigkeiten, als Weichmacher in Lacken und Kunststoffen sowie zum Imprägnieren von Verpackungsmaterial. Seit 1989 besteht ein vollständiges Verkehrs- und Anwendungsverbot. PCB wirken immunsuppressiv und fetotoxisch. Sie schädigen die Leber und das periphere Nervensystem.

Die Insektizide Endrin, DDT, Lindan, Heptachlor und andere Isomere wie Beta-Hexachlorcyclohexan (β-HCH) weisen ebenfalls eine lange Persistenz in der Umwelt auf und können sich über den beschriebenen Eintragsweg im tierischen Gewebe anreichern.

Endrin wirkt als starkes Nervengift, die anderen Stoffe stehen im Verdacht, karzinogen auf den Menschen zu wirken. DDT, das über Jahrzehnte weltweit meistverwendete Insektizid, hat vermutlich auch genotoxische Eigenschaften. Seit dem Jahr 2004 ist die Herstellung und Verwendung von Endrin weltweit verboten. DDT darf unter eingeschränkten Bedingungen noch zur Bekämpfung von krankheitsübertragenden Insekten, insbesondere der Malariaüberträger, verwendet werden. Die Verwendung von Lindan ist ebenfalls strikt reglementiert.

DDE und DDD fallen als Nebenprodukte bei der DDT-Herstellung an, DDE ist aber auch das Hauptumwandlungsprodukt von DDT. Es ist weniger toxisch als DDT, jedoch wurden im Tierversuch auch mutagene und karzinogene Effekte nachgewiesen. Die Herstellung und der Einsatz von Heptachlor sind seit 2004 ebenfalls verboten. Heptachlor wird zu Heptachlorepoxid oxidiert. Dieses persistiert aufgrund der höheren Stabilität noch länger in der Umwelt.

Hexachlorbenzol (HCB) gehört zu den halogenierten aromatischen Kohlenwasserstoffen und wurde früher als Pflanzenschutzmittel vor allem gegen Pilzerkrankungen bei Getreide eingesetzt. Aufgrund verschiedener schwerwiegender Erkrankungen, die durch die Aufnahme des Stoffes über belastete Nahrungsmittel ausgelöst wurden, ist HCB inzwischen weltweit verboten.

B 3 b) Organische Phosphorverbindungen

Organische Phosphorverbindungen sind Ester der Phosphorsäure, Phosphonsäure oder Dithiophosphorsäure. Organische Phosphorsäureester sind vorwiegend als Pflanzenschutz- und Schädlingsbekämpfungsmittel (Pestizide) in der Anwendung. Expositionen treten hauptsächlich bei den Pestizidherstellern und bei den Anwendern der Pestizide in der Landwirtschaft, Forstwirtschaft, Schädlingsbekämpfung sowie im Gartenbau auf. Organophosphate werden auch als chemische Kampfstoffe (Soman, Sarin, Tabun, VX) eingesetzt. Die Symptome sind vielfältig. Dosis- und stoffabhängig können beispielsweise Übelkeit, Erbrechen, Diarrhöe, Kopfschmerzen und Schwindelgefühl, Muskelkrämpfe, Lähmungen, Herzrhythmusstörungen sowie Atem- und Kreislaufdepression auftreten (DGAUM 2007).

B 3 c) Chemische Elemente

Schwermetalle, wie Blei, Cadmium und Quecksilber, können aus der Umwelt in die Lebensmittel gelangen.

Cadmium (griech. *cadmeia* = Zinkerz) wurde 1817 von Stromeyer im Zinkoxid entdeckt. Als natürlicher Bestandteil der Erdkruste kommt Cadmium in geringen Konzentrationen in Böden vor. Metallisches Cadmium wird zur Herstellung von Korrosionsschutz für Eisen und andere Metalle verwendet. Cadmiumverbindungen werden als Stabilisierungsmittel für Kunststoffe und als Pigmente eingesetzt (UBA 2011). Nach Anwendungsbeschränkungen für die genannten Verwendungszwecke wird Cadmium heute überwiegend in der Batterieherstellung verwendet. Die ubiquitäre Verteilung von Cadmium in der Umwelt ist eine Folge der Emission aus Industrieanlagen, insbesondere aus Zinkhütten, Eisen- und Stahlwerken, aber auch aus Müllverbrennungsanlagen und Braunkohlekraftwerken. Cadmium wird von Pflanzen über die Wurzeln aus dem Boden aufgenommen und gelangt über die Nahrungskette in den menschlichen und tierischen Organismus. Dort reichert es sich wegen der langen Halbwertszeit besonders stark in Rinder- und Schweinenieren sowie in der Muskulatur von großen Raubfischen (z. B. Butterfisch, Hai oder Schwertfisch) an. Je älter die Tiere sind, umso stärker ist deren potenzielle diesbezügliche Belastung. Bei andauernder Cadmiumbelastung kann es zu Nierenschäden und in besonderen Fällen zu Knochenveränderungen (Itai-Itai-Krankheit) kommen. Cadmium und seine Verbindungen sind als krebserzeugend klassifiziert.

Blei und seine Verbindungen gehören zu den starken Umweltgiften. Es wird u. a. zur Herstellung von Autobatterien und von Kabelhüllen gebraucht. Früher wurden Bleiverbindungen auch als Zusatz im Benzin benötigt (zur Erhöhung der Klopffestigkeit), wo es über die Abgase an die Luft abgegeben wurde (Umweltdatenbank/Umwelt-Lexikon). Blei akkumuliert in Klärschlämmen und Sedimenten, aber auch in Lebern, Nieren und Muskulatur von Tieren. Es kann bei sehr hohen Belastungen das Nervensystem und die Blutbildung beeinträchtigen.

Quecksilber ist ein bei Zimmertemperatur flüssiges Metall. Es findet u. a. Verwendung in Thermometern, Batterien, Schaltern, Leuchtstofflampen und in der Zahnmedizin zur Herstellung von Amalgam. Quecksilber gelangt vor allem durch Industrieemissionen in die Umwelt (z. B. durch Verbrennung von Kohle, Heizöl und Müll, Verhüttung sowie industriellen Verbrauch). Früher wurden organische Quecksilberverbindungen (Methyl-Quecksilber) aufgrund ihrer fungiziden Wirkung zum Beizen von Saatgut oder als Holzschutzmittel verwendet. Organische Quecksilberverbindungen entstehen aber auch in verunreinigten Gewässern durch bakterielle Umwandlung (Methylierung) aus anorganischen Quecksilberverbindungen. Methyl-Quecksilber ist fettlöslich und reichert sich im Organismus an. Besonders betroffen sind ältere Tiere oder Raubfische, die am Ende der Nahrungskette stehen.

Zudem stehen thiomersalhaltige Impfstoffe in Verdacht, ebenfalls eine mögliche Ursache für die Rückstandsbelastung mit Quecksilber zu sein. Thiomersal, welches als Konservierungsstoff für Impfstoffe in Mehrfachentnahmeflaschen in der Veterinärmedizin Verwendung findet, wird im Körper in Thiosalicylat und Ethylquecksilber metabolisiert.
Chronische Quecksilbervergiftungen können zu Nierenschäden, Ataxien und Lähmungen bis hin zum Tode führen.

Kupfer als Spurenelement ist Bestandteil zahlreicher wichtiger Enzyme. Es ist notwendig für das blutbildende System sowie für die Bildung von Knochensubstanz und Bindegewebe. Kupfer ist daher als Futtermittelzusatzstoff in der Tierernährung zugelassen. Kupfer fungiert aber auch als Eisenkonkurrent und bewirkt die Erhaltung einer hellen Fleischfarbe, weshalb es in der Vergangenheit zur Kälbermast eingesetzt wurde und möglicherweise immer noch wird. Auch werden ihm leistungsfördernde Effekte zugeschrieben.

In der Landwirtschaft werden zudem kupferhaltige Fungizide und Pestizide eingesetzt. Für Rückstände aus einer Pestizidanwendung sind daher seit dem 01.09.2008 nach der Verordnung (EG) Nr. 396/2005 Höchstwerte für Kupfer in tierischen Geweben festgelegt.

Das Bundesministerium für Ernährung und Landwirtschaft (BMEL) vertritt bezüglich der Überschreitungen des Rückstandshöchstwerts für Kupfer folgenden Standpunkt:

> *„Nach Artikel 3 Absatz 2 Buchstabe c der Verordnung (EG) Nr. 396/2005 umfassen Pestizidrückstände auch Rückstände von in Pflanzenschutzmitteln verwendeten Wirkstoffen, darunter auch insbesondere die Rückstände, die von der Verwendung im Pflanzenschutz, in der Veterinärmedizin oder als Biozidprodukt herrühren können.*
>
> *Daraus, dass die Verordnung (EG) Nr. 1334/2003 Höchstgehalte an Kupfer in Futtermitteln festlegt und die Rückstände von Kupfer in Rinderleber auch aus einer erlaubten Anwendung dieses Stoffes als Futtermittelzusatzstoff herrühren können, ergibt sich aus hiesiger Sicht nichts anderes. Dies wird deutlich, wenn man Artikel 9 Absatz 7 Satz 3 der Verordnung (EG) Nr. 1831/2003 in den Blick nimmt. Danach gilt, wenn für einen bestimmten Stoff eine Rückstandshöchstmenge in anderen Gemeinschaftsvorschriften festgelegt worden ist, diese Rückstandshöchstmenge auch für Rückstände, die sich aus der Verwendung des Stoffes als Futtermittelzusatz ergeben.“* (BMELV 2012)

Die Kommission hat diese Auffassung in einer ersten Reaktion bestätigt. Die zuständigen Behörden müssen bei einer Überschreitung des Rückstandshöchstwerts Verfolgsuntersuchungen anstellen, um die Ursache des erhöhten Kupfergehaltes zu ermitteln und Erzeugnisse gegeben falls zu beanstanden.

B 3 d) Mykotoxine

Mykotoxine (Schimmelpilzgifte) sind Stoffwechselprodukte verschiedener Pilze, die bei Menschen und Tieren bereits in geringsten Mengen zu Vergiftungen führen können. Die Belastung des Menschen geht hauptsächlich auf kontaminierte Lebensmittel zurück. Alle verschimmelten Nahrungsmittel können Mykotoxine enthalten. Die Kontamination kann primär bereits auf dem Feld (z. B. Mutterkorn auf Roggen, Weizen und Gerste) oder sekundär durch Schimmelbildung auf lagernden Lebensmitteln erfolgen (z. B. *Aspergillus* spp.). Nutztiere können ebenfalls verschimmelte Futtermittel aufnehmen. Die enthaltenen Mykotoxine können in verschiedenen Organen abgelagert oder ausgeschieden werden. Auf diese Weise können Lebensmittel tierischer Herkunft (Fleisch, Eier, Milch, Milchprodukte) Mykotoxine enthalten, ohne dass das Produkt selbst verschimmelt ist (VIS – Verbraucherinformationssystem Bayern 2008). Mykotoxine sind weitgehend hitzestabil und werden daher auch bei Verarbeitungsschritten in der Regel nicht zerstört. Am häufigsten belastet mit Fusarientoxinen, also Deoxynivalenol (DON) und Zearalenon (ZON), sind Zerealien (hier insbesondere Mais und Weizen). Ochratoxin A (das häufigste und wichtigste der Ochratoxine) kommt vor allem in Getreide, Hülsenfrüchten, Kaffee, Bier, Traubensaft, Rosinen und Wein, Kakaoprodukten, Nüssen und Gewürzen vor. Die Wirkung der Mykotoxine kann, abhängig von der Toxinart, akut und chronisch toxisch sein. Eine akute Vergiftung beim Menschen und bei Tieren äußert sich z. B. durch Schädigung des zentralen Nervensystems, durch Schäden an Leber, Niere, Haut und Schleimhaut sowie durch die Beeinträchtigung des Immunsystems. Toxinmengen, die keine akuten Krankheitssymptome auslösen, können karzinogen und teratogen wirken sowie Erbschäden hervorrufen.

B 3 e) Farbstoffe

Malachitgrün (4,4'-Bis(dimethylamino)trityliumchlorid) ist ein blaugrüner Triphenylmethan-Farbstoff, der erstmals 1877 hergestellt wurde. Weitere Bezeichnungen sind Basic Green, Diamantgrün und Viktoriagrün. Seit 1936 wird Malachitgrün in der Aquakultur weltweit als Tierarzneimittel zur Vorbeugung und Bekämpfung von Pilzen, Bakterien und tierischen Einzellern eingesetzt. Malachitgrün wird vom Fisch rasch aus dem Wasser aufgenommen und überwiegend zum farblosen Leukomalachitgrün reduziert, das sich im Fischgewebe anreichert. Abhängig von Dosierung, Verdünnung durch das Wachstum der Fische und deren Fettgehalt ist Leukomalachitgrün im Fischgewebe bis zu einem Jahr und länger nachweisbar. Malachitgrün und Leukomalachitgrün stehen im Verdacht, eine erbgutverändernde und fruchtschädigende Wirkung zu haben sowie möglicherweise auch krebserregend zu sein. Malachitgrün ist daher in der EU als Tierarzneimittelwirkstoff für lebensmittelliefernde Tiere nicht zugelassen. Die Kommission hat eine Mindestleistungsgrenze (MRPL) für die Bestimmung von Malachitgrün und dem Stoffwechselabbauprodukt Leukomalachitgrün von 0,002 mg/kg eingeführt, unterhalb der zwar noch die Ursache der Belastung ermittelt werden soll, die Proben aber nicht mehr beanstandet werden. Der MRPL wird berücksichtigt, um eine Vergleichbarkeit mit den Ergebnissen der anderen Mitgliedstaaten zu gewährleisten. Aufgrund der geringen Kosten, der leichten Verfügbarkeit und hohen Wirksamkeit sowie des Fehlens geeigneter Ersatzstoffe wird Malachitgrün trotz des Verbots weiterhin angewendet. Zur Gruppe der Triphenylmethanfarbstoffe zählen ebenfalls Kristallviolett und Brillantgrün. Sie sind gegen Pilze wirksam, aber ebenso in der EU nicht als Tierarzneimittelwirkstoffe für lebensmittelliefernde Tiere zugelassen.

Neben den positiven Farbstoffbefunden insbesondere bei Forellen und Karpfen im Rahmen des NRKP der letzten Jahre, sind Meldungen zu entsprechenden Nachweisen auch aus andern Mitgliedstaaten und Drittländern im EU-Schnellwarnsystem zu verzeichnen gewesen.

Weitere Parameter

Im Rahmen des EÜP werden Sendungen seit 2010 auch auf mikrobiologische Parameter, Histamin, Parasiten, Radioaktivität, Zusatzstoffe, gentechnisch veränderte Organismen (GVO), marine Biotoxine und andere warenspezifische Parameter untersucht.

2.1.4.3 Untersuchungshäufigkeit

Die oben genannten europäischen und nationalen Rechtsvorschriften legen für den NRKP einen prozentualen Anteil an Untersuchungen bezogen auf die Schlachtzahlen bzw. die Jahresproduktion des Vorjahres bzw. bei Wild eine Mindestprobenzahl fest. Pferd wird nach Erfordernis untersucht. Daraus ergibt sich folgende jährliche Untersuchungshäufigkeit:

- Rind: jedes 250ste geschlachtete Rind
- Schwein/Schaf: jedes 2.000ste geschlachtete Schwein und Schaf
- Pferd: nach Erfordernis
- Geflügel: 1 Probe je 200 Tonnen Jahresproduktion
- Aquakulturen: 1 Probe je 100 Tonnen Jahresproduktion
- Kaninchen und Honig: 1 Probe je 30 Tonnen Schlachtgewicht bzw. Jahreserzeugung für die ersten 3.000 Tonnen, und darüber hinaus 1 Probe je weitere 300 Tonnen
- Wild und Zuchtwild: jeweils mindestens 100 Proben
- Milch: 1 Probe je 15.000 Tonnen Jahresproduktion
- Eier: 1 Probe je 1.000 Tonnen Jahresproduktion.

Grundlage für die Festlegung der Probenkontingente in den einzelnen Ländern sind ebenfalls die Schlacht- und Produktionszahlen und die Größe der Tierbestände des gleichen Zeitraumes, der auch zur Berechnung der Probenzahlen für Deutschland verwendet wird. Zur Berechnung werden immer die letzten 12 zur Verfügung stehenden Monaten herangezogen. Die weitere Verteilung der Proben legen die Länder in Eigenverantwortung fest.

Weiterhin sind nach den Vorgaben der Verordnung zur Regelung bestimmter Fragen der amtlichen Überwachung des Herstellens, Behandelns und Inverkehrbringens von Lebensmitteln tierischen Ursprungs (Tierische Lebensmittel-Überwachungsverordnung) bei mindestens 2 % aller gewerblich geschlachteten Kälber und mindestens 0,5 % aller sonstigen gewerblich geschlachteten Huftiere amtliche Proben zu entnehmen und auf Rückstände zu untersuchen. Die Probenzahlen, die sich aus der Umsetzung der Richtlinie 96/23/EG ergeben, werden angerechnet.

Bei der Festlegung der Untersuchungszahlen nach EÜP sollten mindestens 4 % aller Sendungen von Lebensmitteln tierischer Herkunft auf Rückstände aus den Stoffgruppen des Anhangs I der Richtlinie 96/23/EG untersucht werden. Es ist dann jedoch für eine Grenzkontrollstelle möglich, die Untersuchungsfrequenz im Bereich der Rückstandsuntersuchung auf 2 % zu reduzieren, sofern eine entsprechende Risikobewertung auf Grundlage eigener Laborergebnisse sowie anderer Informationsquellen, beispielsweise Laborergebnisse anderer Grenzkontrollstellen oder Meldungen aus dem Europäischen Schnellwarnsystem, es gestattet, eine geringere Untersuchungshäufigkeit für bestimmte Produkte anzusetzen.

2.1.4.4 Matrizes

Die Rückstandsuntersuchungen nach dem NRKP werden in den verschiedensten tierischen Geweben bzw. in den Primärerzeugnissen vorgenommen. Als Matrix kommen in Frage:

- Urin
- Kot
- Blut
- Galle
- Leber
- Niere
- Muskel (auch Injektionsstelle)
- Fett
- Haut mit Fett
- Augen
- Haare
- Federn
- Futtermittel
- Tränkwasser
- Milch
- Honig
- Eier

Für die zu untersuchenden Stoffe sind verschiedene Matrizes im Rückstandskontrollplan festgelegt. Es werden die Matrizes ausgewählt, in denen sich der fragliche Stoff am stärksten anreichert, in denen er lange nachweisbar und stabil ist. Bei den Matrizes, für die Höchstmengen festgelegt wurden, werden diese verwendet. Außerdem müssen die Matrizes entnehmbar sein. So kommen z. B. beim lebenden Tier nicht alle Matrizes in Frage.

Bei Einfuhruntersuchungen kann nicht immer auf Primärerzeugnisse zurückgegriffen werden, sodass hier von lebensmittelliefernden Tieren neben Fleisch auch Fleischzubereitungen und Fleischerzeugnisse geprüft werden. Außerdem werden Gelatine und Kollagen, Milch und Milcherzeugnisse, Tiere der Aquakultur (einschließlich Shrimps), Fischereierzeugnisse, lebende Muscheln, Eier und Eiprodukte, Honig sowie Därme untersucht.

2.1.4.5 Probenahme

Für die Entnahme der Proben sind matrixspezifisch Proben und Mengen festgelegt. Es wird eine Probe entnommen, die in A- und B-Probe geteilt und getrennt verpackt wird. Die A-Probe dient der sofortigen Aufarbeitung und Analyse im Labor, die B-Probe als Laborsicherungsprobe zur Bestätigung eines positiven Rückstandsbefundes in der A-Probe. Bei der Verpackung, dem Transport und der Aufbewahrung der Proben sind einige Grundsätze zu beachten: Die Probenverpackung muss so beschaffen sein, dass ein Zersetzen, Auslaufen oder Verschmutzen (Kreuzkontamination) der Probe verhindert wird. Blutproben sind zur Plasmagewinnung sofort mit einem Antikoagulanz (z. B. Heparin) zu versetzen.

Jede Probe ist sofort nach Entnahme so zu kennzeichnen, dass ihre zweifelsfreie Identität gesichert ist. Die Zusammengehörigkeit von Teilproben eines Probensatzes oder von Unterproben (Probe A und B) muss gewährleistet sein. A- bzw. B-Proben sind als solche zu kennzeichnen. Die Probenbehältnisse sind amtlich zu versiegeln.

Die Proben sind – mit Ausnahme von Haaren, Federn, Honig und Futtermitteln – sofort auf 2 °C bis 7 °C zu kühlen. Nach erfolgter Vorkühlung sind sie, in geeigneten Transportbehältern verpackt, bei 2 °C bis 7 °C möglichst direkt ohne Zwischenlagerung zur Untersuchungseinrichtung zu transportieren.

Die Proben sind spätestens 36 Stunden, die Blutproben sofort nach der Entnahme an die Untersuchungseinrichtung zu übergeben. Proben, die nicht innerhalb von 36 Stunden an die Untersuchungseinrichtung übergeben werden können, sind sofort auf -18 °C bis -30 °C tiefzugefrieren. Auf dem Transport muss die Einhaltung der Gefriertemperatur gewährleistet sein.

Blutproben sind auf keinen Fall tiefzugefrieren. Bei diesen besteht die Möglichkeit, das Plasma zu gewinnen und dieses anschließend tiefzugefrieren. Proben, mit denen ein biologischer Hemmstofftest durchgeführt wird, dürfen ebenfalls nicht tiefgefroren werden. Sie sind sofort gekühlt dem Untersuchungsamt zuzuleiten. Die Übersendung tiefgefrorener Proben an die Untersuchungseinrichtung sollte spätestens nach einer Woche erfolgen.

Alle Proben werden durch ein Probenahmeprotokoll für das Labor begleitet. Falls das eingesandte Probenmaterial für die Untersuchung nicht geeignet sein sollte (u. a. Beschädigung der Probengefäße, Kontamination, Verderbnis, zu geringe Menge, falsche oder fehlerhafte Matrizes) muss die Probe erneut angefordert werden. Die nicht sofort für die Untersuchung benötigten B-Proben (Laborsicherungsproben) sind im Labor einzulagern. Je nach Untersuchungsmaterial erfolgt die Lagerung meist tiefgefroren bei -20 bis -30 °C. Honig und Trocken-Futtermittel, Haare und Federn werden ungekühlt und Blutplasma gekühlt bei 2 bis 7 °C gelagert.

2.1.4.6 Analytik

In der Rückstandsanalytik werden verschiedene Methoden angewandt. Dabei ist zwischen Screening- und Bestätigungsmethoden zu unterscheiden.

Screeningmethoden werden in der Regel zum qualitativen Nachweis eines Stoffes eingesetzt. Sie weisen das Vorhandensein eines Stoffes oder einer Stoffklasse in interessierenden Konzentrationen nach. Falsch negative Ergebnisse sollten ausgeschlossen sein. Screeningmethoden ermöglichen einen hohen Probendurchsatz und werden eingesetzt, um große Probenzahlen möglichst kostengünstig auf mögliche positive Ergebnisse zu prüfen.

Unter Bestätigungsmethoden versteht man Methoden, die geeignet sind, einen in der Probe vorhandenen Stoff eindeutig zu identifizieren und falls erforderlich seine Konzentration zu quantifizieren. Falsch positive Ergebnisse sollten vermieden werden, falsch negative Ergebnisse sollten ausgeschlossen sein.

Bei den angewendeten Bestätigungs- und Screeningmethoden sind die Vorgaben der Entscheidung 2002/657/EG und der Norm DIN EN ISO 17025 zu beachten. Die zu verwendenden Screening- und Bestätigungsmethoden sind für die jeweiligen Stoffe und Matrizes im Rückstandskontrollplan enthalten.

Eine häufig angewandte Screeningmethode ist der sogenannte „Dreiplattentest". Er dient dem Nachweis von Hemmstoffen (der Ausdruck bezieht sich auf das Wachstum des Testkeims), insbesondere von Antibiotika und Chemotherapeutika. Als Testkeim wird *Bacillus subtilis* verwendet. Seine Sporen sind in ein Testsystem/Nährmedium eingebracht. Wird eine Probe, die beispielsweise antibiotisch wirksame Stoffe enthält, auf dieses Testsystem gelegt, so diffundieren diese in das Nährmedium. Dadurch wird der Testkeim in der Umgebung der Probe in seinem Wachstum behindert, es entsteht eine Hemmzone.

Eine weitere gängige Screeningmethode ist das Nachweisverfahren ELISA (Enzyme Linked Immunosorbent Assay). Das Grundprinzip beruht auf einer enzymmarkierten und -katalysierten Antigen-Antikörper-Reaktion, die gemessen wird. Je nach Form des ELISA ist die zu analysierende Substanz ein Antigen oder ein Antikörper.

Häufig eingesetzte Bestätigungsmethoden, die auch als Screeningmethoden genutzt werden können, sind GC-MS und LC-MS. Unter GC-MS versteht man die Kopplung eines Gas-Chromatographie-Gerätes (GC) mit einem Massenspektrometer (MS). Dabei dient das GC zur Auftrennung des zu untersuchenden Stoffgemisches und das MS zur Identifizierung und gegebenenfalls auch Quantifizierung der einzelnen Komponenten. Im GC wird die in Lösungsmittel gelöste Probe verdampft und mittels eines Trägergases durch eine Trennsäule geleitet, die eine stationäre Phase enthält. Die Trennung der Stoffe erfolgt durch Wechselwirkungen der zu analysierenden Analyten mit der stationären Phase. Da die einzelnen Stoffe unterschiedlich stark an der stationären Phase gebunden und wieder abgelöst werden, verlassen sie die Trennsäule zu unterschiedlichen Zeiten (Retentionszeiten). Im MS wird die Häufigkeit bestimmt, mit der einzelne Ionen auftreten. Durch die Messung erhält man ein Ionenmuster. Dieses Muster erlaubt sowohl eine Identifizierung der Stoffe als auch eine quantitative Bestimmung. Das LC-MS bedient sich eines ähnlichen Prinzips. Die Auftrennung erfolgt mittels Flüssigchromatographie (LC), die Identifizierung und Quantifizierung wiederum mittels MS. Bei der LC fungiert eine Flüssigkeit als mobile Phase, als stationäre Phase dient ein Feststoff oder eine Flüssigkeit. Die flüssige Probe wandert an der stationären Phase entlang. Die Trennung erfolgt wiederum durch Wechselwirkungen der zu analysierenden Analyten mit der stationären Phase. Mit dem MS erfolgen die Identifizierung und quantitative Bestimmung. In den letzten Jahren wurden die einfachen MS-Detektoren durch HRMS (hochauflösende Massenspektrometer) oder MS/MS-Detektoren ersetzt. Diese verfügen über eine wesentlich bessere Spezifität und Sensitivität.

2.1.4.7 Höchstgehalt/Höchstmenge

Höchstgehalte sind in der EU-Gesetzgebung festgeschriebene, höchstzulässige Mengen für Pflanzenschutzmittelrückstände und Kontaminanten in oder auf Lebensmitteln, die beim gewerbsmäßigen Inverkehrbringen nicht überschritten werden dürfen. Sie werden unter Zugrundelegung strenger international anerkannter wissenschaftlicher Maßstäbe so niedrig wie möglich und niemals höher als toxikologisch vertretbar festgesetzt.

Der gleichbedeutende Begriff Höchstmenge wird in der EU- und nationalen Gesetzgebung in verschiedenen Verordnungen verwendet, so z. B. in der Verordnung (EG) Nr. 470/2009 in Verbindung mit der Verordnung (EU) Nr. 37/2010 für die rechtliche Bewertung von Tierarzneimittelrückständen und in der nationalen Rückstands-Höchstmengenverordnung (RHmV) für die rechtliche Regelung von Rückständen von Pflanzenschutzmitteln. Beide Begriffe können demnach verwendet werden, wobei der Begriff Höchstgehalt präziser ist, da es sich nicht um eine Mengenangabe handelt, sondern um einen bestimmten Wert (Gehalt).

2.1.5 Maßnahmen für Tiere oder Erzeugnisse, bei denen Rückstände festgestellt wurden

2.1.5.1 Maßnahmen nach positiven Rückstandsbefunden im Rahmen des NRKP

Die Beanstandung von Lebensmitteln mit unerlaubten Rückständen pharmakologisch wirksamer Stoffe erfolgt nach gemeinschaftsrechtlichen Vorgaben. Für die Maßnahmen sind die Länder verantwortlich.

Als positiver Rückstandsbefund gilt bei als Tierarzneimittel zugelassenen Stoffen und Kontaminanten ein mit einer Bestätigungsmethode abgesicherter quantitativer Befund, bei dem eine Überschreitung von festgelegten Höchstmengen vorliegt. Bei verbotenen und nicht als Tierarzneimittel zugelassenen Stoffen ist ein Befund als positiv zu bewerten, wenn er qualitativ und quantitativ mit einer Bestätigungsmethode abgesichert wurde. Derartige Lebensmittel werden beanstandet und dürfen nicht mehr in den Verkehr gebracht werden.

Die für die Lebensmittel- bzw. Veterinärüberwachung zuständigen Behörden der Länder leiten verschiedene, im Folgenden aufgeführte Maßnahmen zum Schutz der Verbraucher und zur Ursachenfindung ein:

a) Durch die zuständige Überwachungsbehörde erfolgen Vor-Ort-Überprüfungen im Herkunftsbetrieb, um die Ursachen der Rückstandsbelastung festzustellen. Diese Kontrollen beinhalten die Überprüfung von Aufzeichnungen und ggf. zusätzliche Probenahmen, wenn notwendig auch von Futter und Tränkwasser. Es kann weiterhin eine verstärkte Kontrolle und Probenahme im Herkunftsbetrieb für einen längeren Zeitraum angeordnet werden.
b) Tierkörper und Nebenprodukte werden gegebenenfalls als untauglich für den menschlichen Verzehr beurteilt.
c) Bei einem begründeten Verdacht auf Vorliegen eines positiven Rückstandsbefundes kann die Abgabe oder Beförderung zur Schlachtung versagt werden. Ebenso ist ein Versagen der Schlachterlaubnis möglich.
d) Für Tiere, bei denen Rückstände von verbotenen bzw. nicht zugelassenen Stoffen nachgewiesen wurden, kann die Tötung angeordnet werden.
e) Gegen den Verantwortlichen des Herkunftsbetriebes kann Strafanzeige gestellt werden.
f) Auffällige Betriebe unterstehen der verstärkten Kontrolle.
g) Die Möglichkeit, EU-Zuschüsse zu erhalten oder zu beantragen, kann versagt werden.

Zudem werden gegebenenfalls die Probenzahlen und Untersuchungsvorgaben im NRKP angepasst.

2.1.5.2 Maßnahmen nach positiven Rückstandsbefunden im Rahmen des EÜP

Maßnahmen nach positiven Rückstandsbefunden sind in der Lebensmitteleinfuhr-Verordnung (LMEV) festgelegt. Wurde demnach bei Lebensmitteln tierischen Ursprungs eine Überschreitung festgesetzter Höchstgehalte

- an Rückständen von Stoffen mit pharmakologischer Wirkung,
- von anderen Stoffen, die die menschliche Gesundheit beeinträchtigen können,
- an Rückständen verbotener Stoffe mit pharmakologischer Wirkung oder deren Umwandlungsprodukten

festgestellt, hat die für die Grenzkontrollstelle zuständige Behörde bei der Einfuhruntersuchung bei den folgenden Sendungen lebender Tiere oder Lebensmittel tierischen Ursprungs desselben Ursprungs oder derselben Herkunft verstärkte Kontrollen vorzunehmen.

Eine verstärkte Überwachung wird ebenfalls durchgeführt nach Meldungen aus dem Europäischen Schnellwarnsystem oder im Rahmen von sogenannten Schutzklauselentscheidungen der Kommission.

Im Falle eines Verdachtes wird eine Sendung beschlagnahmt, bis das Ergebnis vorliegt. Die beanstandeten Erzeugnisse werden an der Grenze zurückgewiesen oder auch vernichtet. Sollte bereits eine Verteilung auf dem europäischen Markt erfolgt sein, wird die Sendung zurückgerufen. Bei einer Zurückweisung ist sicherzustellen, dass die Sendung nicht über eine andere Grenzkontrollstelle wieder in die Europäische Union eingeführt wird.

Über im Rahmen der Einfuhruntersuchung beanstandete Lebensmittel werden die anderen Mitgliedstaaten und die Europäische Kommission durch entsprechende Meldungen im Europäischen Schnellwarnsystem informiert.

Die Europäische Kommission berücksichtigt die Ergebnisse der Einfuhruntersuchung bei ggf. einzuleitenden Schutzmaßnahmen gegenüber Drittländern.

2.2 Ergebnisse des NRKP 2013

2.2.1 Überblick über die Rückstandsuntersuchungen des NRKP im Jahr 2013

Im Jahr 2013 wurden in Deutschland 841.823 Untersuchungen an 57.679 Proben von Tieren oder tierischen Erzeugnissen durchgeführt. Die Herkunft der Proben gliedert sich wie in Tabelle 2.2 dargestellt.

Insgesamt wurde auf 1.158 Stoffe geprüft, wobei jede Probe auf bestimmte Stoffe dieser Stoffpalette untersucht wurde. Zu den genannten Untersuchungs- bzw. Probenzahlen kommen Proben von über 308.146 Tie-

Tab. 2.2 (NRKP) Verteilung der Probenzahlen auf die einzelnen Länder

Herkunft	Anzahl Proben
Deutschland	57.045
Niederlande	265
Dänemark	53
Polen	73
Frankreich	89
Österreich	36
Belgien	41
Tschechische Republik	49
Luxemburg	19
Sonstige	9

Tab. 2.3 **(NRKP)** Anzahl der Proben untersuchter Tiere und tierischer Erzeugnisse

Rind	Schwein	Schaf	Pferd	Geflügel	Aquakulturen	Kaninchen	Wild	Milch	Eier	Honig
14.900	29.789	575	225	8.530	539	25	204	1.933	753	206
Zusätzlich mittels Hemmstofftest untersuchte Proben										
17.295	287.602	3.076	105	5	48	10	5	-	-	-

ren hinzu, die mittels einer Screeningmethode, dem sogenannten Dreiplattentest, auf Hemmstoffe untersucht wurden.

Die Anzahl der Proben untersuchter Tiere und tierischer Erzeugnisse im Einzelnen ist der Tabelle 2.3 zu entnehmen. Details zu den untersuchten Stoffen, zur Zahl der untersuchten Proben und Tierarten sind den Berichten des BVL „Jahresbericht 2013 zum Nationalen Rückstandskontrollplan (NRKP)“ und „Jahresbericht 2013 zum Einfuhrüberwachungsplan (EÜP)“ unter http://www.bvl.bund.de/nrkp zu entnehmen.

2.2.2 Ergebnisse des NRKP 2013 im Einzelnen

Im Jahr 2013 waren von den 57.679 Proben 368 positiv. Der Prozentsatz der ermittelten positiven Rückstandsbefunde war mit 0,64 % im Vergleich zum Vorjahr etwas höher. Im Jahr 2012 waren 0,45 % und im Jahr 2011 0,56 % der untersuchten Planproben mit Rückständen oberhalb der zulässigen Höchstgehalte bzw. mit nicht zugelassenen oder verbotenen Stoffen belastet.

2.2.2.1 Rinder

Im Jahr 2013 wurden Proben von 1.559 Kälbern, 9.803 Rindern und 3.538 Kühen getestet. Von diesen insgesamt 14.900 Rinderproben wurden 8.589 Proben auf verbotene Stoffe mit anaboler Wirkung und andere verbotene bzw. nicht zugelassene Stoffe, 3.032 auf antibakteriell wirksame Stoffe, 4.681 auf sonstige Tierarzneimittel und 1.232 auf Umweltkontaminanten untersucht. Die Proben wurden direkt beim Erzeuger bzw. im Schlachthof entnommen.

Insgesamt waren 2013 mit 0,95 % der untersuchten Rinder etwas mehr positive Befunde zu verzeichnen als im Vorjahr mit 0,38 %. Die 2.327 im Schlachthof entnommenen Proben von Kühen enthielten mit 3,09 % am häufigsten Rückstände. Es folgten die im Schlachthof entnommene Proben von Kälbern (1.023) mit 1,27 % und von Mastrindern (7.096) mit 0,7 %.

Verbotene und nicht zugelassene Stoffe

Bei einem 16 Monate alten Mastbullen wurde 17-beta-Testosteron im Plasma mit einem Gehalt von 48 µg/kg nachgewiesen. Als Ursache für den erhöhten Gehalt wurde bei diesem Tier eine Entwicklungsstörung oder Missbildung vermutet.

Bei 5 Mastrindern wurde Taleranol im Urin mit Gehalten von 0,98 µg/kg, 2,4 µg/kg, zweimal 2,6 µg/kg und 3,5 µg/kg nachgewiesen. Insgesamt wurden 559 Rinderproben auf Resorcylsäure-Lactone untersucht (positiv 0,72 %). In allen Fällen wurde mit hoher Wahrscheinlichkeit davon ausgegangen, dass die nachgewiesenen Gehalte an diesen Stoffen auf eine Mykotoxinkontamination (eventuell durch Futtermittel) zurückzuführen sind.

In 1 von 3.178 Proben von Rindern (0,03 %) wurde im Urin bei lebensmittelliefernden Tieren das verbotene Antibiotikum Chloramphenicol mit einem Gehalt von 0,54 µg/kg gefunden. Im Rahmen der Ermittlungen konnte kein schuldhaftes Verhalten des Landwirtes festgestellt werden.

Tierarzneimittel

Von den 3.032 auf Stoffe mit antibakterieller Wirkung untersuchten Rinderproben enthielten 2 (0,07 %) Rückstände oberhalb des gesetzlich vorgeschriebenen Höchstgehaltes. Dies sind deutlich weniger positive Proben als im Vorjahr (0,17 %). Nachgewiesen wurden 2 verschiedene Antibiotika. Gentamicin wurde in der Niere eines Mastkalbes mit einem Gehalt von 1.550 µg/kg gefunden. Sulfadoxin wurde im Muskel eines Mastrindes mit 388 µg/kg nachgewiesen. Die zulässigen Höchstgehalte betragen für Gentamicin in Nieren 750 µg/kg und für Sulfadoxin im Muskel 100 µg/kg. Insgesamt wurden 373 Rinderproben auf Gentamicin (positiv 0,27 %) und 913 Proben auf Sulfadoxin (positiv 0,11 %) untersucht.

Auf sonstige Tierarzneimittel wurden 4.681 Rinderproben untersucht, von denen mit 12 Proben (0,26 %) fast doppelt so viele Proben positiv waren wie im Vorjahr (0,15 %). In 1 Kuh wurden in der Muskulatur Flunixin und 4-Methylamino-Antipyrin mit Gehalten von 421 µg/kg und 8.700 µg/kg nachgewiesen. Insgesamt wurden 73 Proben auf Flunixin bzw. 301 Proben auf Flunixin-Meglumin und 293 Proben auf 4-Methylamino-Antipyrin untersucht. 4-Methylamino-Antipyrin ist ein Metabolit von Metamizol. Der zulässige Höchstgehalt im Muskel liegt für Flunixin bei 20 µg/kg und für 4-Methylamino-Antipyrin bei 100 µg/kg. Bei einem weiteren von 373 untersuchen Rindern wurde in der Niere Meloxicam oberhalb der erlaubten Höchstmenge und bei einem dritten von

2.134 untersuchen Rindern wurde im Blutplasma Phenylbutazon nachgewiesen. Der Höchstgehalt für Meloxicam in der Niere liegt bei 65 μg/kg. Die Anwendung von Phenylbutazon ist bei lebensmittelliefernden Tieren nicht zugelassen. Alle 4 Stoffe gehören zur Gruppe der nicht-steroidalen entzündungshemmenden Mittel (NSAIDs). Insgesamt waren 0,13 % der auf NSAIDs untersuchten Rinder positiv.

In 7 von 404 auf Dexamethason untersuchten Proben von Kühen (1,73 %) und 2 von 424 Proben von Mastrindern (0,47 %) wurden jeweils Rückstände oberhalb der gesetzlichen Normen nachgewiesen. Dexamethason ist ein künstliches Glukokortikoid. Tabelle 2.4 zeigt die gefundenen Werte sowie den jeweiligen zulässigen Höchstgehalt je Probe.

Tab. 2.4 **(NRKP)** Positive Dexamethasongehalte bei Rindern

Probe	Tierart	Matrix	Rückstandsmenge in μg/kg	zulässiger Höchstgehalt in μg/kg
1	Mastrind	Muskel	7,53	0,75
2		Muskel	15	0,75
3	Kuh	Muskel	5	0,75
4		Muskel	9,2	0,75
5		Muskel	31	0,75
6		Leber	5,6	2
7		Leber	6,1	2
8		Leber	18,7	2
9		Muskel	18	0,75
		Leber	453	2

Kontaminanten und sonstige Stoffe

Insgesamt wurden 1.232 Proben auf Kontaminanten und sonstige Stoffe getestet. In 119 von 318 Proben (37,42 %) wurden Gehalte an chemischen Elementen oberhalb der zulässigen Höchstgehalte nachgewiesen. In 1 von 126 auf PCBs untersuchten Proben (0,79 %) wurde der zulässige Höchstgehalt für die PCB-Summe (ICES-6) aus PCB 28, 52, 101, 138, 153 und 180 upper bound im Fett eines Mastrindes überschritten.

Bleibefunde

Bei 1 von 186 untersuchten Proben von Mastrindern (0,53 %) wurde in der Leber und bei 1 von 103 Kühen (0,97 %) in der Niere Blei oberhalb des zulässigen Höchstgehaltes von 0,5 mg/kg mit Gehalten von 0,72 mg/kg und 0,82 mg/kg nachgewiesen.

Cadmiumbefunde

In 3 Nieren und 1 Leber von 103 auf Cadmium untersuchten Proben von Kühen (3,88 %) wurde Cadmium mit Gehalten von 1,56 mg/kg, 1,89 mg/kg, 2,5 mg/kg und 0,60 mg/kg (Leber) gefunden. Auch in 5 von 186 untersuchten Nieren anderer Rinder (2,69 %) wurde Cadmium mit Werten von 1,08 mg/kg, 1,13 mg/kg, 1,61 mg/kg, 1,68 mg/kg und 2,03 mg/kg nachgewiesen. Die zulässigen Höchstgehalte für Rinder liegen in der Niere bei 1 mg/kg und in der Leber bei 0,5 mg/kg.

Quecksilberbefunde

Bei 11 von 186 untersuchten Mastrindern (5,91 %) und 8 von 103 Kühen (7,77 %) wurden in der Niere, und einmal auch in der Leber, Quecksilbergehalte über dem zulässigen Höchstgehalt von 0,01 mg/kg nachgewiesen. Die Gehalte lagen zwischen 0,011 mg/kg und 0,076 mg/kg (Mittelwert 0,020 mg/kg, Median 0,014 mg/kg). Die Befunde wurden in der Regel an die zuständige Behörde weitergeleitet, um die Ursachen zu ermitteln. Aufgrund der geringen Gehalte wurde als Ursache eine Umweltkontamination angenommen. Zum Teil wurde die Belastung auch auf das höhere Alter einiger Tiere zurückgeführt.

Kupferbefunde

Höchstgehaltsüberschreitungen gab es in Lebern von 12 der 17 untersuchten Kälberproben (70,59 %), in 32 von 52 Mastrinderproben (61,54 %) und in 53 von 75 Kuhproben (70,67 %). Die Gehalte lagen zwischen 30,3 mg/kg und 365,0 mg/kg (Mittelwert: 94,6 mg/kg, Median: 71,0 mg/kg) und damit z. T. deutlich über dem für Lebern zulässigen Höchstgehalt von 30 mg/kg.

Fazit Rinder

Auch wenn es sich bei den Untersuchungen um zielorientierte und keine repräsentativen Probenahmen handelte, kann festgestellt werden, dass im Jahr 2013 Mastrinder weiterhin insgesamt gering mit Rückständen oberhalb der Höchstgehalte bzw. mit verbotenen oder nicht zugelassenen Stoffen belastet waren. Die Ergebnisse lagen zum Teil etwas höher als im Vorjahr. Quecksilber und Cadmium oberhalb des Höchstgehaltes werden immer noch häufig in der Regel bei Tieren über 2 Jahren nachgewiesen. Die Auswertung der Kupferbefunde ergab eine relativ hohe Anzahl von Höchstgehaltsüberschreitungen. Da der Einsatz von Kupfer als Futterzusatzstoff aber erlaubt ist, muss der aus dem Pestizidbereich stammende zulässige Höchstgehalt gegebenenfalls angepasst werden. Bezüglich der Risikobewertung für den Verbraucher wird auf die Stellungnahme des BfR (siehe Abschnitt 2.4) verwiesen.

2.2.2.2 Schweine

2013 wurden insgesamt 29.789 Proben von Schweinen untersucht, davon 16.486 Proben auf verbotene Stoffe mit anaboler Wirkung und andere verbotene bzw. auf nicht zugelassene Stoffe, 9.658 auf antibakteriell wirksame Stoffe, 11.113 auf sonstige Tierarzneimittel und 3.340 auf Umweltkontaminanten. Die Proben wurden direkt beim Erzeuger bzw. im Schlachthof entnommen.

Insgesamt enthielten 0,49 % der untersuchten Proben unzulässige Rückstandsgehalte. Im letzten Jahr war der Anteil mit 0,49 % gleich hoch.

Verbotene und nicht zugelassene Stoffe

Auf verbotene Stoffe mit anaboler Wirkung und andere verbotene bzw. nicht zugelassene Stoffe wurden insgesamt 16.486 Proben untersucht.

Bei 1 von 1.000 untersuchten Proben von Schweinen (0,10 %) wurde Hexestrol im Urin mit einem Gehalt von 21,2 µg/kg ermittelt. Die Ursache für den Befund konnte nicht geklärt werden. Weitere Proben konnten im Herkunftsbestand nicht entnommen werden, da die Schweinehaltung inzwischen aufgegeben wurde.

Bei 1 von 2.676 untersuchten Proben von Schweinen (0,04 %) wurde im Muskel das bei lebensmittelliefernden Tieren verbotene Antibiotikum Chloramphenicol mit einem Gehalt von 17,4 µg/kg gefunden. Die Herkunft des Befundes konnte nicht endgültig geklärt werden.

Von den 3.823 auf Metronidazol untersuchten Proben wurde der Stoff zweimal im Plasma (0,05 %) mit Gehalten von 0,29 µg/kg und 1,82 µg/kg gefunden. Die Überprüfung der Herkunftsbestände ergab keine Hinweise auf die Ursache der Metronidazolbefunde. In einem Fall wurde eine Verschleppung durch den Tierarzt als Ursache vermutet.

Tab. 2.5 **(NRKP)** Positive Rückstandsbefunde von Stoffen mit antibakterieller Wirkung bei Schweinen

Probe	Stoff	Matrix	Rückstandsmenge in µg/kg	zulässiger Höchstgehalt in µg/kg
1	Trimethoprim	Muskel	149	50
	Sulfadimidin	Muskel	558	100
2	Tetracyclin	Muskel	171	100
3	Trimethoprim	Niere	68,3	50
4	Sulfadiazin	Niere	115	100
5	Trimethoprim	Niere	91,5	50
	Sulfadimethoxin	Niere	120,9	100
6	Sulfadiazin	Niere	127,9	100
7	Trimethoprim	Niere	202,3	50
	Sulfadiazin	Niere	108	100
8	Sulfadiazin	Niere	114,2	100
9	Enrofloxacin	Muskel	380,1	100

Tierarzneimittel

Von den 9.658 auf Stoffe mit antibakterieller Wirkung untersuchten Proben waren 9 (0,09 %) positiv. Dies sind ähnlich viele positive Proben wie im Vorjahr (0,08 %). Nachgewiesen wurden 6 verschiedene Antibiotika bei Mastschweinen. Tabelle 2.5 gibt die gefundenen Werte sowie den jeweiligen zulässigen Höchstgehalt je Probe wieder.

Insgesamt wurden 3.382 Schweineproben auf Trimethoprim (positiv 0,12 %), 3.964 Proben auf Sulfadimidin (positiv 0,03 %), 3.337 Proben auf Tetracyclin (positiv 0,03 %), 3.935 Proben auf Sulfadiazin (positiv 0,10 %), 3.963 Proben auf Sulfadimethoxin (positiv 0,03 %) und 5.050 Proben auf Enrofloxacin (positiv 0,02 %) untersucht.

Von den 11.113 auf sonstige Tierarzneimittel untersuchen Proben wurden 3 Proben (0,03 %) beanstandet. In 2 von 1.045 Proben (0,19 %) wurde einmal im Muskel und einmal in der Niere Xylazin mit Gehalten von 1,21 µg/kg bzw. 0,17 µg/kg nachgewiesen. Xylazin ist ein Beruhigungsmittel, welches bei Schweinen nicht angewendet werden darf. Bei einem weiteren Schwein wurde in der Leber 4-Methylamino-Antipyrin mit einem Gehalt von 121,96 µg/kg nachgewiesen. 4-Methylamino-Antipyrin ist ein Metabolit von Metamizol. Der zulässige Höchstgehalt für Metamizol liegt bei 100 µg/kg.

Kontaminanten und sonstige Stoffe

Insgesamt 3.340 Proben wurden auf Kontaminanten und sonstige Stoffe getestet.

In 1 von 139 auf nicht dioxinähnliche PCBs getesteten Proben (0,72 %) wurde im Fett mit 59,19 µg/kg der zulässige Höchstgehalt von 40 µg/kg überschritten.

In 129 von 1.433 untersuchten Proben (9,0 %) wurden Gehalte von chemischen Elementen oberhalb der zulässigen Höchstgehalte nachgewiesen.

Bleibefunde

Bei 3 Zuchtschweinen von 1.433 untersuchten Proben von Schweinen insgesamt (0,21 %) wurde einmal in der Leber und zweimal in der Niere Blei oberhalb des für Leber und Niere zulässigen Höchstgehaltes von 0,5 mg/kg mit Gehalten von 0,57 mg/kg, 0,55 mg/kg und 0,79 mg/kg analysiert.

Cadmiumbefunde

In 8 auf Cadmium untersuchten Schweinenierenproben wurde Cadmium oberhalb des Höchstgehaltes festgestellt, mit Gehalten zwischen 1,02 mg/kg und 1,44 mg/kg (Mittelwert: 1,18 mg/kg, Median: 1,10 mg/kg). 1.433 Proben wurden auf Cadmium untersucht (positiv 0,56 %). Der zulässige Höchstgehalt für Niere liegt bei 1 mg/kg. Betroffen waren ein Mastschwein und 7 Zuchtschweine.

Quecksilberbefunde

Bei 95 von 1.433 untersuchten Schweinen (6,63 %) wurden in der Niere und/oder Leber Quecksilbergehalte über dem für Lebern und Nieren zulässigen Höchstgehalt von 0,01 mg/kg nachgewiesen.

Die Befunde verteilten sich nach Tierkategorie und Matrix wie folgt:

- Mastschweine: 48× Niere; 15× Leber und Niere
  Die Gehalte lagen zwischen 0,011 mg/kg und 0,543 mg/kg (Mittelwert 0,033 mg/kg, Median 0,022 mg/kg)
- Zuchtschweine: 28× Niere; 2× Leber und Niere
  Die Gehalte lagen zwischen 0,012 mg/kg und 0,067 mg/kg (Mittelwert 0,026 mg/kg, Median 0,022 mg/kg)
- Andere Schweine: 2× Niere mit Gehalten von 0,035 mg/kg und 0,044 mg/kg.

Die Befunde wurden in der Regel an die zuständige Behörde weitergeleitet, um die Ursachen zu ermitteln. In den meisten Fällen wird als Ursache eine Umweltkontamination, verbunden mit dem Alter der Tiere, angenommen. Konkrete andere Ursachen konnten nicht ermittelt werden.

Kupferbefunde

Bei 58 von 333 untersuchten Schweinen (17,42 %) wurden in der Leber oder Niere Kupfergehalte über dem für Lebern und Nieren zulässigen Höchstgehalt von 30 mg/kg nachgewiesen. Die Befunde verteilten sich nach Tierkategorie und Matrix wie folgt:

- Mastschweine: 39× Leber; 1× Niere
  Die Gehalte lagen zwischen 32,8 mg/kg und 447 mg/kg (Mittelwert 88,6 mg/kg, Median 55,2 mg/kg)
- Zuchtschweine: 18× Leber
  Die Gehalte lagen zwischen 33 mg/kg und 187 mg/kg (Mittelwert 75,4 mg/kg, Median 63,5 mg/kg).

Fazit Schweine

Schweine wiesen auch 2013 nur in wenigen Fällen Rückstände in unzulässiger Höhe auf. Gegenüber dem Vorjahr war die Gesamtanzahl positiver Befunde fast gleich hoch. Relativ häufig sind die inneren Organe insbesondere älterer Tiere mit Quecksilber und Cadmium auch oberhalb der zulässigen Höchstgehalte belastet.

Die Auswertung der Kupferbefunde ergab, wenn auch weniger ausgeprägt als bei den Rindern, eine vergleichsweise hohe Anzahl von Höchstgehaltsüberschreitungen.

2.2.2.3 Geflügel

Im Jahr 2013 wurden insgesamt 8.530 Proben von Geflügel untersucht, davon 5.247 Proben auf verbotene Stoffe mit anaboler Wirkung und andere verbotene bzw. nicht zugelassene Stoffe, 2.590 auf antibakteriell wirksame Stoffe, 3.481 auf sonstige Tierarzneimittel und 698 auf Umweltkontaminanten. Die Proben wurden direkt beim Erzeuger bzw. im Geflügelschlachtbetrieb entnommen. Insgesamt waren 0,09 % der untersuchten Proben positiv. Dies sind deutlich mehr positive Befunde als im Vorjahr mit 0,02 %.

Verbotene und nicht zugelassene Stoffe

In 2 von 1.224 untersuchten Masthähnchenproben wurde das bei lebensmittelliefernden Tieren verbotene Antibiotikum Chloramphenicol nachgewiesen. In einer Masthähnchenprobe wurden Rückstände im Plasma (0,33 µg/kg) und Muskel (0,6 µg/kg) gefunden. In einer zweiten Probe wurde Chloramphenicol im Plasma mit einem Gehalt von 0,22 µg/kg festgestellt. In beiden Fällen konnte die Ursache für den Befund nicht ermittelt und eine Kontamination des Probenmaterials bei der Probenahme nicht ausgeschlossen werden.

Tierarzneimittel

Von den 2.590 auf Stoffe mit antibakterieller Wirkung untersuchten Geflügelproben enthielten 3 (0,12 %) Rückstände oberhalb des gesetzlich vorgeschriebenen Höchstgehaltes. In 1 von 635 auf Trimethoprim untersuchten Masthähnchenproben (0,16 %) wurde der Stoff im Muskel in einer Konzentration von 88,5 µg/kg ermittelt. Der zulässige Höchstgehalt liegt bei 50 µg/kg. In 1 Putenprobe wurde Enrofloxacin im Muskel in einer Konzentration von 272 µg/kg nachgewiesen. Der zulässige Höchstgehalt liegt bei 100 µg/kg. 398 Putenproben wurden auf Enrofloxacin untersucht (0,25 % positiv). In der dritten positiven Probe wurde Doxycyclin im Muskel einer Pute mit einem Gehalt von 118,2 µg/kg ermittelt. Der zulässige Höchstgehalt liegt bei 100 µg/kg. 473 Putenproben wurden auf Doxycyclin untersucht (0,21 % positiv).

In 1 von 170 auf Toltrazurilsulfon untersuchten Putenproben (0,59 %) wurde der Stoff im Muskel oberhalb der erlaubten Rückstandshöchstmenge nachgewiesen. Der zulässige Höchstgehalt für das Kokzidiostatikum beträgt 100 µg/kg. Die Ursache der Rückstandsbelastung konnte nicht ermittelt werden.

In 1 Masthähnchenprobe wurde im Muskel Nikotin nachgewiesen. Insgesamt wurden 61 Masthähnchenproben auf Nikotin untersucht (positiv 1,64 %). Der Gehalt lag bei 1,7 µg/kg. Eine Ursache für die Befunde konnte nicht ermittelt werden. Es wird eine Sekundärkontamination der Fleischprobe mit Nikotin durch den Probenehmer (Raucher) vermutet.

Kontaminanten und sonstige Stoffe
Bei 1 von 27 untersuchten Geflügelproben (3,7 %) wurden in der Leber einer Ente Kupfer in Höhe von 62 mg/kg und damit über dem zulässigen Höchstgehalt von 30 mg/kg nachgewiesen.

Fazit Geflügel
Die Ergebnisse der zielorientierten Untersuchungen weisen auf eine nur geringe Belastung von Geflügel mit unzulässigen Rückstandsmengen hin.

2.2.2.4 Schafe

Im Berichtsjahr 2013 wurden 575 Proben von Schafen auf Rückstände geprüft, davon 232 auf verbotene Stoffe mit anaboler Wirkung und andere verbotene bzw. auf nicht zugelassene Stoffe, 236 auf antibakteriell wirksame Stoffe, 221 auf sonstige Tierarzneimittel und 82 auf Umweltkontaminanten. Alle Proben wurden im Schlachthof entnommen.

Insgesamt waren 10 Proben (1,74 %) positiv. Dies sind etwas mehr positive Proben als im Vorjahr, in dem 1,33 % der Proben Rückstände in verbotener Höhe enthielten.

In 1 von 7 auf nicht dioxinähnliche PCBs untersuchten Schafproben wurde im Fett ein positives Ergebnis ermittelt. Nachgewiesen wurde ein Gehalt von 63 µg/kg Fett für die PCB-Summe (ICES-6) aus PCB 28, 52, 101, 138, 153 und 180 upper bound. Der zulässige Höchstgehalt liegt bei 40 µg/kg Fett.

Tab. 2.6 (NRKP) Positive Schwermetallgehalte bei Schafen

Probe	Stoff	Matrix	Rückstandsmenge in mg/kg	zulässiger Höchstgehalt in mg/kg
1	Kupfer Cu	Leber	58	30
	Quecksilber Hg	Leber	0,03	0,01
		Niere	0,11	0,01
2	Kupfer Cu	Leber	68	30
3	Quecksilber Hg	Leber	0,017	0,01
		Niere	0,02	0,01
4	Quecksilber Hg	Niere	0,065	0,01
5	Quecksilber Hg	Niere	0,069	0,01
6	Cadmium Cd	Leber	0,716	0,5
		Niere	4,621	1,0
7	Kupfer Cu	Leber	48	30
8	Cadmium Cd	Niere	1,74	1,0
9	Quecksilber Hg	Leber	0,011	0,01

Bei 9 von 44 auf Schwermetalle untersuchten Proben (20,45 %) wurden Rückstände oberhalb des zulässigen Höchstgehaltes gefunden. Tabelle 2.6 gibt die gefundenen Werte sowie den jeweils zulässigen Höchstgehalt je Probe an. Als Ursache wird die allgemeine Umweltbelastung angenommen. In einem Fall wurde auf die Impfung mit thiomersalhaltigen, d. h. quecksilberhaltigen Impfstoffen hingewiesen.

Fazit Schafe
In Schafproben wurden im Jahr 2013 keine Rückstände von Tierarzneimitteln nachgewiesen. Allerdings wurde in mehreren Fällen eine Belastung mit Schwermetallen und in einem Fall eine Belastung mit nicht dioxinähnlichen PCB festgestellt, die vermutlich jeweils weitestgehend auf eine erhöhte Umweltbelastung zurückzuführen sind.

2.2.2.5 Pferde

2013 wurden insgesamt 225 Proben von Pferden auf Rückstände geprüft, davon 110 auf verbotene Stoffe mit anaboler Wirkung und andere verbotene bzw. auf nicht zugelassene Stoffe, 58 auf antibakteriell wirksame Stoffe, 157 auf sonstige Tierarzneimittel und 28 auf Umweltkontaminanten. Alle Proben wurden in Schlachtbetrieben entnommen.

Insgesamt waren 8 Proben (3,56 %) positiv. Dies sind ähnlich viele wie im Vorjahr, in dem 3,75 % der Proben Belastungen in verbotener Höhe enthielten.

Bei 2 Pferden wurde im Urin jeweils 17-alpha-19-Nortestosteron und 17-beta-19-Nortestosteron mit Gehalten von 7,1 µg/kg und 3,9 µg/kg bzw. 25,3 µg/kg und 36,5 µg/kg festgestellt. Die Anwendung der Steroidhormone ist bei Pferden verboten. Diese können aber auch endogen gebildet werden. Die Überprüfung der Herkunftsbestände gab keine Hinweise auf eine illegale Behandlung.

Bei 6 von 8 untersuchten Pferden, wurde Cadmium und/oder Quecksilber oberhalb der zulässigen Höchstgehalte nachgewiesen. Tabelle 2.7 gibt die gefundenen Werte sowie den jeweils zulässigen Höchstgehalt je Probe an. Als Ursache wird die allgemeine Umweltbelastung angenommen.

Fazit Pferde
Bei Pferden wurden Schwermetallgehalte unzulässiger Höhe nachgewiesen. Insbesondere bei älteren Tieren ist mit einer Schwermetallbelastung der inneren Organe zu rechnen.

2.2.2.6 Kaninchen

Aufgrund des geringen Anteils von Kaninchen am Gesamtfleischverzehr in Deutschland ist auch das Probenkontingent bei Kaninchen niedrig. 2013 wurden insgesamt 25 Proben untersucht, von denen 6 auf verbotene Stoffe mit anaboler Wirkung und andere verbotene bzw. nicht zugelassene Stoffe, 12 auf antibakteriell wirksame Stoffe, 12 auf sonstige Tierarzneimittel und 4 auf

Tab. 2.7 (NRKP) Positive Schwermetallgehalte bei Pferden

Probe	Stoff	Matrix	Rückstandsmenge in mg/kg	zulässiger Höchstgehalt in mg/kg
1	Cadmium Cd	Leber	2,38	0,5
2	Cadmium Cd	Leber	0,798	0,5
3	Cadmium Cd	Leber	11,5	0,5
4	Cadmium Cd	Leber	1,81	0,5
		Niere	18,5	1,0
	Quecksilber Hg	Niere	0,021	0,01
5	Cadmium Cd	Muskulatur	0,287	0,2
		Leber	8,775	0,5
		Niere	63,39	1,0
	Quecksilber Hg	Leber	0,021	0,01
		Niere	0,166	0,01
6	Cadmium Cd	Leber	6,11	0,5
		Niere	39,5	1,0
	Quecksilber Hg	Niere	0,183	0,01

Umweltkontaminanten untersucht wurden. Die Proben wurden direkt beim Erzeuger oder im Schlachthof entnommen.

Bei Kaninchen konnten weder Höchstgehaltsüberschreitungen noch Rückstände von verbotenen bzw. nicht zugelassenen Stoffen ermittelt werden.

Fazit Kaninchen

Wie bereits in den letzten 8 Jahren konnten bei Kaninchenproben auch im Jahr 2013 keine Rückstände in unerlaubter Höhe festgestellt werden.

2.2.2.7 Wild

2013 wurden insgesamt 204 Wildproben untersucht, 106 stammten von Zuchtwild und 98 von Wild aus freier Wildbahn. Getestet wurden überwiegend Damwild, Rotwild, Rehe und Wildschweine. Im Gegensatz zu Zuchtwild spielen Arzneimittelrückstände bei Tieren aus freier Wildbahn keine Rolle, da letztere in der Regel nicht behandelt werden. Es wurden 31 Proben von Zuchtwild auf verbotene Stoffe mit anaboler Wirkung und andere verbotene bzw. auf nicht zugelassene Stoffe getestet. Auf antibakteriell wirksame Stoffe wurden 23 Proben von Zuchtwild und 1 Probe von Wild aus freier Wildbahn, auf sonstige Tierarzneimittel 45 Proben von Zuchtwild und 37 Proben von Wild aus freier Wildbahn und auf Umweltkontaminanten 34 Proben von Zuchtwild und 97 Proben von Wild aus freier Wildbahn untersucht.

Mit 43 Proben (21,08 %, davon 1 Probe vom Zuchtwild) waren 2013 gegenüber dem Vorjahr (13,62 %) wieder deutlich mehr Proben positiv.

Bei Wildschweinen wurde jeweils im Fett von 14 Proben die Umweltkontaminanten DDT, in 1 Probe DDT und PCB 153 und in einer weiteren Probe beta-HCH nachgewiesen. Der beta-HCH-Gehalt lag bei 0,123 mg/kg (zulässiger Höchstgehalt: 0,1 mg/kg), der PCB 153-Gehalt lag bei 0,124 µg/kg (zulässiger Höchstgehalt: 0,1 mg/kg) und die DDT-Gehalte lagen zwischen 0,058 mg/kg und 1,21 mg/kg (Mittelwert: 0,386 mg/kg, Median: 0,283 mg/kg).

Schwermetalle oberhalb der zulässigen Höchstgehalte wurden bei 1 von 23 Zuchtwildproben (4,35 %) und 33 von 79 Wildproben aus freier Wildbahn (41,77 %) nachgewiesen. Bei je einem Rotwild (Leber), Reh (Leber) und Wildschwein (Muskel) wurde Kupfer mit Werten von 33,9 mg/kg, 44 mg/kg und 6,1 mg/kg ermittelt. Der Höchstgehalt liegt in der Leber bei 30 mg/kg und im Muskel bei 5 mg/kg. Bei dem Wildschwein wurde zusätzlich Quecksilber oberhalb des zulässigen Höchstgehaltes gefunden.

Insgesamt wurde bei 31 Wildschweinproben in der Niere und/oder Leber Quecksilbergehalte über dem für Lebern und Nieren zulässigen Höchstgehalt von 0,01 mg/kg nachgewiesen. Die Befunde verteilten sich auf die Matrizes wie folgt: 17 × Leber und Niere, 1 × Muskel und Leber, 7 × Leber und 6 × Niere. Die Gehalte lagen zwischen 0,011 mg/kg und 0,28 mg/kg (Mittelwert: 0,076 mg/kg, Median: 0,057 mg/kg).

Die Befunde wurden in der Regel an die zuständige Behörde weitergeleitet, um die Ursachen zu ermitteln. In den meisten Fällen wird als Ursache eine Umweltkontamination des Bodens, verbunden mit dem Alter der Tiere, angenommen. Konkrete andere Ursachen konnten nicht ermittelt werden.

Fazit Wild

Untersuchte Proben von Zuchtwild waren 2013 nur gering mit Rückständen in unzulässiger Höhe belastet. Dagegen sind insbesondere die Nieren und Lebern von Wildschweinen aus freier Wildbahn relativ häufig mit Quecksilber kontaminiert.

2.2.2.8 Aquakulturen

Im Jahr 2013 wurden 337 Proben von Forellen, 188 Proben von Karpfen und 14 Proben von sonstigen Aquakulturerzeugnissen getestet. Von den insgesamt 539 Proben wurden 138 auf verbotene Stoffe mit anaboler Wirkung und andere verbotene bzw. nicht zugelassene Stoffe, 83 auf antibakteriell wirksame Stoffe, 143 auf sonstige Tierarzneimittel und 448 auf Umweltkontaminanten untersucht. Die Proben wurden direkt beim Erzeuger entnommen.

Mit 4 Proben (0,74 %) waren 2013 etwas weniger Proben positiv als im Vorjahr (0,85 %).

In einer untersuchten Forellenprobe wurde Prosulfocarb mit einem Gehalt von 0,34 mg/kg nachgewiesen. Prosulfocarb ist als Pflanzenschutzmittel zugelassen, sollte aber bei ordnungsgemäßem Gebrauch nicht in Fischen zu finden sein. Als Ursache wird ein Eintrag aus umliegenden Feldern während einer Starkregenperiode vermutet.

In 1 von 2 auf diese Stoffe untersuchten Proben von nicht genauer definierten Fischen wurden die Umweltkontaminanten *cis*-Heptachlorepoxid, DDT und Hexachlorbenzol mit Gehalten von 0,015 mg/kg, 1,972 mg/kg und 0,318 mg/kg nachgewiesen. Die zulässigen Höchstgehalte liegen für *cis*-Heptachlorepoxid bei 0,01 mg/kg, für DDT bei 0,5 mg/kg und für Hexachlorbenzol bei 0,05 mg/kg.

Wegen der Relevanz des Stoffes in den vergangenen Jahren wurde auch 2013 ein Großteil der Proben zusätzlich zu den anderen geforderten Untersuchungen auf Rückstände einer Behandlung mit Malachitgrün untersucht. Im Einzelnen wurden auf Malachitgrün und auf dessen Metaboliten Leukomalachitgrün 255 Proben von Forellen, 124 von Karpfen und 14 von sonstigen Aquakulturerzeugnissen getestet. In keiner der Proben konnten die beiden Stoffe oberhalb des MRPL nachgewiesen werden. Tabelle 2.8 zeigt die Ergebnisse der Jahre 2004 bis 2013. Es handelt sich fast ausschließlich um Leukomalachitgrünbefunde.

Tab. 2.8 **(NRKP)** Leukomalachitgrünbefunde bei Fischen aus Aquakulturen von 2004 bis 2013

Jahr	Forellen			Karpfen		
	Anzahl			Anzahl		
	Proben	positive Befunde	in %	Proben	positive Befunde	in %
2004	130	7	5,38	94	0	0
2005	198	8	4,04	143	3	2,10
2006	216	6	2,78	153	2	1,31
2007	219	11	5,02	142	1	0,70
2008	283	10	3,53	142	3	2,11
2009	251	6	2,39	132	1	0,76
2010	264	9	3,41	142	4	2,82
2011	280	2	0,71	142	0	0
2012	282	3	1,06	127	1	0,79
2013	255	0	0	124	0	0

Die Proben werden außerdem auch auf Kristallviolett und dessen Stoffwechselabbauprodukt Leukokristallviolett untersucht. Bei 2 der 255 untersuchten Proben von Forellen (0,78 %) wurde Leukokristallviolett mit Gehalten 2,04 µg/kg und 3,54 ermittelt. Eine Ursache konnte bisher nicht gefunden werden. Die Verfolgsproben waren negativ. Für Kristallviolett gibt es keinen MRPL, sodass jeglicher Nachweis beanstandet werden muss.

Fazit Aquakulturen

2013 wurde erstmals seit 9 Jahren kein Leukomalachitgrün oberhalb des MRPLs nachgewiesen. In diesem Jahr wurde zum zweiten Mal auch Leukokristallviolett gefunden. Auch 2014 wurden, wie bereits seit 2004, Fische aus Aquakulturen verstärkt auf Triphenylmethanfarbstoffe untersucht.

2.2.2.9 Milch

2013 wurden 1.933 Milchproben auf Rückstände geprüft, davon 1.407 auf verbotene und nicht zugelassene Stoffe, 1.442 auf antibakteriell wirksame Stoffe, 1.595 auf sonstige Tierarzneimittel und 454 auf Umweltkontaminanten. Die Proben wurden direkt im Erzeugerbetrieb bzw. im Fall von Umweltkontaminanten auch aus dem Tankwagen entnommen.

Wie im Vorjahr (0,16 %) waren auch 2013 3 Proben (0,16 %) positiv.

In 2 von 42 auf Trichlormethan (alte Bezeichnung: Chloroform) untersuchten Proben (4,76 %) wurde der Stoff mit Gehalten von 10 µg/kg und 20 µg/kg nachgewiesen.

Bei den hier genannten beiden Positiven handelte es sich um einen Reinigungsmittelrückstand in einem butterherstellenden Betrieb. Auch die Verfolgsprobe war positiv. Die Überprüfung des Erzeugerbetriebes ergab keine Auffälligkeiten.

In 1 von 445 auf Benzylpenicillin untersuchten Milchproben (0,22 %) wurde der Stoff mit einem Gehalt von 17 µg/kg nachgewiesen. Benzylpenicillin ist ein Antibiotikum, der zugelassene Höchstgehalt beträgt 4 µg/kg.

Fazit Milch

Milch enthielt in Einzelfällen Rückstände in unerlaubter Höhe.

2.2.2.10 Hühnereier

753 Hühnereierproben wurden auf Rückstände geprüft, davon 157 auf verbotene Stoffe mit anaboler Wirkung und andere verbotene bzw. nicht zugelassene Stoffe, 155 auf antibakteriell wirksame Stoffe, 509 auf sonstige Tierarzneimittel und 188 auf Umweltkontaminanten. Die Proben wurden direkt im Erzeugerbetrieb bzw. in der Packstelle entnommen.

Insgesamt waren 5 (0,66 %) der untersuchten Proben positiv. Dies sind etwas weniger als im Jahr 2012, in dem 0,71 % der Proben positiv waren.

In 1 von 253 untersuchten Proben (0,40 %) wurde Lasalocid, ein Antiparasitikum, mit einem Gehalt von

Tab. 2.9 (NRKP) Dioxine und dioxinähnliche PCBs in Eiern, Auswertung der WHO-PCDD/F-TEQ-Gehalte

Haltungsform	Anzahl untersuchter Proben	Nachweis von Dioxinen	Anzahl Proben mit Gehalten > 2,5 pg/g Fett	Mittelwert in pg/g Fett	Median in pg/g Fett	Minimum in pg/g Fett	Maximum in pg/g Fett
Erzeugnis gemäß Öko-Verordnung (EG)	17	17	0	0,54	0,50	0,10	1,90
Freilandhaltung	27	26	1	0,54	0,37	0	3,00
Käfighaltung	7	7	0	0,17	0,10	0,10	0,17
Bodenhaltung	62	61	1[a]	0,26	0,20	0	3,10
ohne Angabe	10	10	1	0,63	0,30	0,20	2,80
Summe	**123**	**121**	**3 (davon 1 Probe)[a]**				
Gesamt				**0,39**	**0,20**	**0**	**3,10**

[a] unter Berücksichtigung der Messunsicherheit keine gesicherte Grenzwertüberschreitung

Tab. 2.10 (NRKP) Dioxine und dioxinähnliche PCBs in Eiern, Auswertung der WHO-PCDD/F-PCB-TEQ-Gehalte

Haltungsform	Anzahl untersuchter Proben	Nachweis von Dioxinen und dioxinähnlichen PCB	Anzahl Proben mit Gehalten > 5 pg/g Fett	Mittelwert in pg/g Fett	Median in pg/g Fett	Minimum in pg/g Fett	Maximum in pg/g Fett
Erzeugnis gemäß Öko-Verordnung (EG)	17	17	1	1,44	0,90	0,20	8,80
Freilandhaltung	28	28	2	2,40	0,49	0,10	45,80
Käfighaltung	7	7	0	0,21	0,20	0,10	0,50
Bodenhaltung	62	62	0	0,36	0,30	0	3,20
ohne Angabe	10	10	0	0,93	0,40	0,30	4,30
Summe	**123**	**122**	**3**				
Gesamt				**0,99**	**0,30**	**0**	**45,80**

390 μg/kg nachgewiesen. Ursache war ein falsch verwendetes Futter. Der zulässige Höchstgehalt liegt bei 150 μg/kg.

Dioxinuntersuchung in Eiern

Seit dem 01.01.2012 gelten die mit der Verordnung (EU) Nr. 1259/2011 geänderten Höchstgehalte für Hühnereier und Eiererzeugnisse von 2,5 pg/g Fett für die Summe aus Dioxinen (WHO-PCDD/F-TEQ), von 5,0 pg/g Fett für die Summe aus Dioxinen und dioxinähnlichen PCB (WHO-PCDD/F-PCB-TEQ) und von 40 ng/g Fett für die Summe der nicht dioxinähnlichen PCB28, PCB52, PCB101, PCB138, PCB153 und PCB180 (ICES - 6) (festgelegt in der Verordnung (EG) Nr. 1881/2006).

123 Proben von Eiern wurden auf WHO-PCDD/F-TEQ und WHO-PCDD/F-PCB-TEQ untersucht. 118 Proben wiesen Kontaminationen an Dioxinen und/oder dioxinähnlichen PCB in Höhe der üblichen Hintergrundbelastung auf, 4 Proben wurden beanstandet und 1 Probe lag im Bereich des zulässigen Höchstgehaltes. Höchstgehaltsüberschreitungen aufgrund erhöhter Umweltbelastung wurden bei einer Eierprobe aus ökologischer Landwirtschaft festgestellt, bei der der WHO-PCDD/F-PCB-TEQ-Gehalt überschritten war. Bei 1 Probe aus Freilandhaltung war sowohl der WHO-PCDD/F-TEQ- als auch der WHO-PCDD/F-PCB-TEQ- Gehalt und bei einer zweiten Probe der WHO-PCDD/F-PCB-TEQ-Gehalt überschritten. Bei der vierten beanstandeten Probe gibt es keine Angaben zur Haltungsform. Weitere Einzelheiten sind aus den Tabellen 2.9 und 2.10 zu entnehmen.

Fazit Hühnereier

In untersuchten Eiern wurden im Jahr 2013 insgesamt etwas weniger Rückstände in unerlaubter Höhe gefunden als im Vorjahr. Hauptproblem waren die ubiquitär in der Umwelt vorhandenen PCBs. Sie wurden zusammen mit den Dioxinen in fast jeder Probe festgestellt. Bei 4 Proben wurde der zulässige Höchstgehalt für Dioxine und/oder der Summenhöchstgehalt für Dioxine und dioxinähnliche PCB überschritten. Im Jahr 2012 war dies bei 2 Proben der Fall.

2.2.2.11 Honig

Insgesamt wurden 206 Honigproben auf Rückstände geprüft, davon 38 auf verbotene Stoffe, 113 auf antibakteriell wirksame Stoffe, 129 auf sonstige Tierarzneimittel und 173 auf Umweltkontaminanten. Die Proben wurden direkt im Erzeugerbetrieb bzw. während des Produkti-

Tab. 2.11 **(NRKP)** Übersicht über positive Rückstandsbefunde im Zeitraum 2010 bis 2013, verteilt auf die einzelnen Tierarten

Tierart/Erzeugnis	2011			2012			2013		
	Anzahl			Anzahl			Anzahl		
	Proben	Positive Befunde	in %	Proben	Positive Befunde	in %	Proben	Positive Befunde	in %
Rinder	14.651	74	0,51	14.994	57	0,38	14.900	141	0,95
Schweine	29.114	162	0,56	30.513	149	0,49	29.789	146	0,49
Schafe	566	8	1,41	600	8	1,33	575	10	1,74
Pferde	119	7	5,88	160	6	3,75	225	8	3,56
Kaninchen	36	0	0	33	0	0	25	0	0
Wild	232	45	19,40	213	29	13,62	204	43	21,08
Geflügel	8.366	6	0,07	9.076	2	0,02	8.530	8	0,09
Aquakulturen	550	2	0,36	585	5	0,85	539	4	0,74
Milch	1.837	1	0,05	1.902	3	0,16	1.933	3	0,16
Eier	673	6	0,89	709	5	0,71	753	5	0,66
Honig	181	5	2,67	213	4	1,88	206	0	0

onsprozesses entnommen. In 2013 gab es keine positiven Proben. In 2012 waren noch 4 Proben (1,88 %) positiv.

Fazit Honig

In 2013 gab es erstmals seit mindestens 10 Jahren keine positiven Proben.

2.2.3 Entwicklung positiver Rückstandsbefunde von 2010 bis 2013

Tabelle 2.11 stellt noch einmal zusammengefasst die positiven Rückstandsbefunde von 2011 bis 2013 getrennt nach Tierart bzw. Erzeugnis dar. Insgesamt ist die Belastung mit unzulässigen Rückstandsmengen weiterhin gering. Bei Pferden, Aquakulturen, Eiern und Honig ist die Anzahl der positiven Rückstandsbefunde leicht zurückgegangen. Bei Schweinen und Milch ist die Anzahl der Befunde gleich geblieben. Bei Rindern, Schafen, Geflügel und Wild, ist die Anzahl der positiven Befunde im Vergleich zum Vorjahr deutlich angestiegen. Bei Kaninchen waren in den letzten 9 Jahren und bei Honig erstmalig seit mindestens 10 Jahren keine positiven Befunde mehr zu verzeichnen.

2.2.4 Hemmstoffuntersuchungen in Rahmen des NRKP

In Deutschland sind entsprechend den Vorgaben der Tierische Lebensmittel-Überwachungsverordnung bei mindestens 2 % aller gewerblich geschlachteten Kälber und mindestens 0,5 % aller sonstigen gewerblich geschlachteten Huftiere amtliche Proben zu entnehmen und auf Rückstände zu untersuchen. Ein großer Teil dieser Proben, im Jahr 2013 waren es 308.146, wird mittels Dreiplattentest, einem kostengünstigen mikrobiologischen Screeningverfahren zum Nachweis von antibakteriell wirksamen Stoffen (Hemmstoffe), untersucht. Wie aus Abbildung 2.1 ersichtlich, ist der Anteil an positiven Hemmstofftestbefunden wieder leicht gesunken und liegt bei 0,14 %. Betrachtet man die letzten 10 Jahre, so lag der Anteil fast immer auf ähnlichem Niveau, d. h. unter 0,3 %.

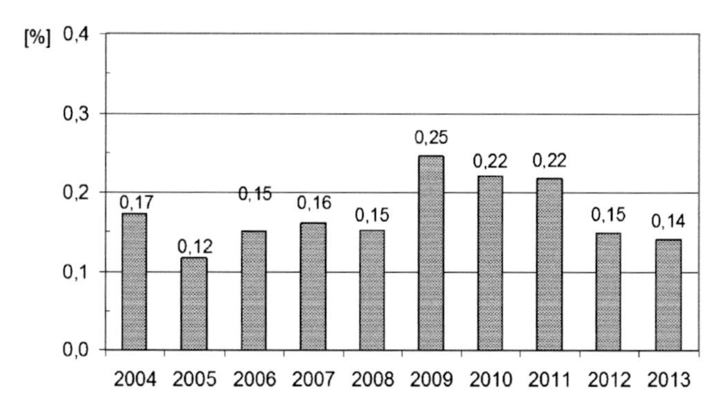

Abb. 2.1 **(NRKP)** Anteil positiver Proben im Dreiplattentest (Untersuchung auf Hemmstoffe)

Die Wirkstoffe in Proben, die mittels Dreiplattentest positiv getestet wurden, werden im Anschluss mit einer qualitativ-quantitativen Methode identifiziert und quantifiziert. 2013 wurden insgesamt 726 hemmstoffpositive Plan- und Verdachtsproben sowie hemmstoffpositive Proben aus der bakteriologischen Fleischuntersuchung auf diese Weise nachuntersucht. Auf 162 Stoffe wurde getestet. Bei 220 Proben (30,30 %) konnten Rückstände von verbotenen oder nicht zugelassenen Stoffen bzw.

Tab. 2.12 (NRKP) Anzahl der qualifizierten Hemmstofftests

Stoffgruppe	Anzahl Proben	positive Ergebnisse	Rückstandsnachweise	Anzahl Proben mit Rückständen gesamt	Anzahl Proben mit Rückständen in %
Tetracycline	694	85	204	237	34,15
Penicilline	621	69	67	102	16,43
Chinolone	642	39	45	63	9,81
Aminoglycoside	451	28	20	38	8,43
Sulfonamide	624	17	32	45	7,21
Diaminopyrimidine	590	13	25	34	5,76
zugelassene Amphenicole	151	1	3	4	2,65
Macrolide	620	2	8	9	1,45
Linkosamide	523		6	6	1,15
Cephalosporine	282	1	1	1	0,35
verbotene Amphenicole	16	0	0	0	0
Nitroimidazole	167	0	0	0	0
sonstige antibakteriell wirksame Stoffe	226	0	0	0	0
Pleuromutiline	389	0	0	0	0
sonstige Stoffe mit antibakterieller Wirkung	9	0	0	0	0
Anthelminthika	172	1	10	10	5,81
NSAIDs	198	5	5	9	4,55
synthetische Kortikosteroide	249	6	2	6	2,41
Kokzidiostatika	79	0	0	0	0
sonstige Stoffe mit antibakteriologischer und antiprotozoischer Wirkung	9	0	0	0	0
Gesamt	**726**	**220**	**313**	**399**	**54,96**

oberhalb von zulässigen Höchstgehalten nachgewiesen werden. In 313 Proben (43,11 %) waren Rückstände unterhalb des Höchstgehaltes zu finden. Bei 193 Proben (26,59 %) konnte die Ursache für den positiven Hemmstofftest nicht ermittelt werden.

Insgesamt konnten bei 399 Proben (54,96 %) die Hemmstoffe ermittelt werden, die in den meisten Fällen die Ursache für den positiven Befund waren. Da eine Probe Rückstände von mehreren Stoffen sowohl ober- als auch unterhalb der Höchstmengen enthalten kann, ist die Gesamtzahl der Proben mit Rückständen geringer als die Summe der beiden genannten Teilzahlen. Am häufigsten wurden Tetracycline, gefolgt von Penicillinen, Chinolonen, Aminoglycosiden, Sulfonamiden und Diaminopyrimidinen, gefunden. In einigen Proben wurden auch Amphenicole, Macrolide, Linkosamide und Cephalosporine nachgewiesen. Bei den genannten Gruppen handelt es sich um Stoffe mit antibakterieller Wirkung. An sonstigen Tierarzneimitteln wurden Antiparasitika (Anthelminthika), Entzündungshemmer und synthetische Kortikosteroide nachgewiesen. Bei letzteren Befunden ist anzunehmen, dass es sich hierbei um Nebenbefunde handelt, die nicht die eigentliche Ursache für den positiven Dreiplattentest waren.

Die Anzahl der Befunde gliedert sich im Einzelnen wie in Tabelle 2.12 aufgeführt. Die Spalte „Anzahl Proben mit Rückständen gesamt" gibt nicht die Summe aus Anzahl „Positive Ergebnisse" und „Rückstandsnachweise" wieder, sondern die tatsächliche Anzahl an Proben, d. h., eine Probe kann mehrfach genannt sein, wird hier aber nur einmal gezählt. Das gleich gilt für die Zeile „Gesamt".

2.2.4.1 Ermittlung der Ursachen von positiven Rückstandsbefunden

Nach der Richtlinie 96/23/EG sind die Mitgliedstaaten verpflichtet, die Ursachen für positive Rückstandsbefunde zu ermitteln. In Deutschland übernehmen diese Aufgabe die für die Lebensmittel- bzw. Veterinärüberwachung zuständigen Behörden der Länder. Die Ursachen für positive Rückstandsbefunde konnten bei den pharmakologisch wirksamen Stoffen für 12 der 34 positiven Proben (35,29 %) ermittelt werden bzw. es bestand ein begründeter Verdacht. Ursachen waren beispielsweise die Nichteinhaltung von Wartezeiten, der unsachgemäße Einsatz von Tierarzneimitteln und Fehler der Mischanlage für die Fütterung. Bei den restlichen Proben konnte die Ursache für die erhöhten Rückstände nicht ermittelt werden. Die Schwermetallbelastungen wurden bei 54 der 298 positiven Proben (18,12 %) auf die allgemeine Umweltbelastung und/oder auf das höhere Alter der Tiere als mögliche Ursache zurückgeführt. Weitere Hinweise auf die Ursache waren die Anwendung von Mineral(-Kupfer)-Boli, bleihaltige Munition, Weidehaltung auf Überschwemmungsgebieten, übermäßige Nutzung des Lecksteins, Impfung mit thiomersal-, d. h. quecksilberhaltigen Impfstoffen, Aufnahme von Quecksilber über Dämmwolle o. ä. Bei den restlichen Proben konnte die Ursache nicht ermittelt werden bzw. es gab keine Anmerkungen.

2.3 Ergebnisse des EÜP 2013

2.3.1 Überblick über die Rückstandsuntersuchungen des EÜP im Jahr 2013

Im Jahr 2013 wurden in Deutschland 15.256 Untersuchungen an 1.020 Proben von tierischen Erzeugnissen durchgeführt. In Tabelle 2.13 sind die Anzahl der Proben, unterteilt nach Herkunft und Probenart, sowie die positiven Proben dargestellt.

Insgesamt wurde auf 301 Stoffe geprüft, wobei jede Probe auf bestimmte Stoffe dieser Stoffpalette untersucht wurde. Die Anzahl der Proben untersuchter Tiere bzw. tierischer Erzeugnisse ist Tabelle 2.14 zu entnehmen.

2.3.2 Ergebnisse des EÜP 2013 im Einzelnen

Im Jahr 2013 enthielten 12 der 1.020 Planproben (1,18 %) Rückstände in unerlaubter Höhe. Im Vergleich zum Vorjahr (0,60 %) hat sich die Anzahl der positiven Proben fast verdoppelt.

2.3.2.1 Rinder

Im Jahr 2013 wurden 159 Rinderproben getestet, davon 89 Proben auf verbotene Stoffe mit anaboler Wirkung und andere verbotene bzw. nicht zugelassene Stoffe, 39 auf antibakteriell wirksame Stoffe, 61 auf sonstige Tierarzneimittel und 41 auf Umweltkontaminanten. Keine der Proben enthielt Rückstände in gesetzlich nicht erlaubter Menge.

Tab. 2.13 **(EÜP)** Herkunft, Probenart, Anzahl der Proben und Positive

Herkunft	Probenart	Anzahl	
		Proben	**Positive**
Ägypten	Schafe Mastlämmer; Darm	1	
	Summe	**1**	**0**
Argentinien	andere Rinder; Muskulatur	15	
	Bienen; Honig	30	2
	Kaninchen; Muskulatur	4	
	Legehennen(Suppenhühnchen); Eier	1	
	Masthähnchen; Muskulatur	5	
	Mastkälber; Muskulatur	4	
	Mastrinder; Muskulatur	37	
	Summe	**96**	**2**
Australien, einschl. Kokosinseln, Weihnachtsinseln und Norfolk-Inseln	andere Wildtiere; Muskulatur	1	
	Schafe Mastlämmer; Muskulatur	3	
	Summe	**4**	**0**
Australien und Ozeanien	andere Rinder; Muskulatur	3	
	andere Wildtiere; Muskulatur	2	
	Schafe Mastlämmer; Muskulatur	9	
	Strauße; Muskulatur	1	
	Summe	**15**	**0**
Bangladesch	andere (Krebs-) Krustentiere; Muskulatur von Fischen	5	
	Shrimps; Muskulatur von Fischen	18	
	Summe	**23**	**0**
Brasilien	andere Fische; Muskulatur von Fischen	1	
	andere Rinder; Darm	2	
	andere Rinder; Muskulatur	5	
	anderes Geflügel; Muskulatur	2	
	Bienen; Honig	2	
	Legehennen(Suppenhühnchen); Leber	1	
	Masthähnchen; Leber	2	
	Masthähnchen; Muskulatur	116	1
	Mastrinder; Darm	4	
	Mastrinder; Muskulatur	21	
	Mastschweine; Darm	1	
	Truthühner; Muskulatur	10	
	Summe	**167**	**1**

Tab. 2.13 Forsetzung

Herkunft	Probenart	Anzahl	
		Proben	Positive
Chile	andere Fische; Muskulatur von Fischen	2	1
	andere Schweine; Darm	1	
	Bienen; Honig	8	
	Lachse; Muskulatur von Fischen	11	
	Masthähnchen; Muskulatur	23	1
	Mastrinder; Muskulatur	2	
	Mastschweine; Muskulatur	6	
	Muscheln; Muskulatur von Fischen	2	
	Schafe Mastlämmer; Muskulatur	3	
	Truthühner; Muskulatur	8	
	Summe	**66**	**2**
China, einschl. Tibet	andere Fische; Muskulatur von Fischen	38	
	andere (Krebs-) Krustentiere; Muskulatur von Fischen	11	1
	andere Mollusken; Muskulatur von Fischen	8	
	andere Schafe; Darm	2	
	Bienen; Honig	19	
	Enten; Muskulatur	6	
	Kaninchen; Muskulatur	22	
	Lachse; Muskulatur von Fischen	3	
	Masthähnchen; Muskulatur	3	
	Mastschweine; Darm	5	
	Schafe Mastlämmer; Darm	7	
	Shrimps; Muskulatur von Fischen	5	
	Summe	**129**	**1**
Costa Rica	andere (Krebs-) Krustentiere; Muskulatur von Fischen	1	
	Shrimps; Muskulatur von Fischen	2	
	Summe	**3**	**0**
Ecuador, einschl. Galapagosinseln	andere Fische; Muskulatur von Fischen	1	
	andere (Krebs-) Krustentiere; Muskulatur von Fischen	3	
	Summe	**4**	**0**
El Salvador	Bienen; Honig	12	
	Summe	**12**	**0**
Guatemala	Bienen; Honig	1	
	Summe	**1**	**0**

Tab. 2.13 Fortsetzung

Herkunft	Probenart	Anzahl	
		Proben	Positive
Indien, einschl. Sikkim und Goa	andere Fische; Muskulatur von Fischen	4	
	andere (Krebs-) Krustentiere; Muskulatur von Fischen	3	
	andere Mollusken; Muskulatur von Fischen	1	
	Bienen; Honig	2	2
	Muscheln; Muskulatur von Fischen	1	
	Shrimps; Muskulatur von Fischen	1	
	Summe	**12**	**2**
Indonesien, einschl. Irian Jaya	andere Fische; Muskulatur von Fischen	3	
	andere (Krebs-) Krustentiere; Muskulatur von Fischen	1	
	Butterfisch; Muskulatur von Fischen	1	
	Shrimps; Muskulatur von Fischen	2	
	Summe	**7**	**0**
Iran, Islamische Republik	Schafe Mastlämmer; Darm	3	
	Summe	**3**	**0**
Israel	Truthühner; Muskulatur	3	1
	Summe	**3**	**1**
Japan	andere Fische; Muskulatur von Fischen	4	
	Summe	**4**	**0**
Kanada	andere Fische; Muskulatur von Fischen	5	
	andere (Krebs-) Krustentiere; Muskulatur von Fischen	3	
	andere Mollusken; Muskulatur von Fischen	1	
	andere Rinder; Muskulatur	1	
	anderes Geflügel; Eier	1	
	Hummer; Muskulatur von Fischen	1	
	Lachse; Muskulatur von Fischen	1	
	Summe	**13**	**0**
Kolumbien	Forellen; Muskulatur von Fischen	2	
	Summe	**2**	**0**
Korea, Republik	Austern; Muskulatur von Fischen	1	
	Summe	**1**	**0**

Tab. 2.13 Fortsetzung

Herkunft	Probenart	Anzahl	
		Proben	Positive
Kuba	Bienen; Honig	18	
	Summe	**18**	**0**
Libanon	andere Schafe; Darm	2	
	Schafe Mastlämmer; Darm	3	
	Summe	**5**	**0**
Malaysia	andere (Krebs-) Krustentiere; Muskulatur von Fischen	2	
	Summe	**2**	**0**
Malediven	andere Fische; Muskulatur von Fischen	11	
	Summe	**11**	**0**
Marokko	andere Fische; Muskulatur von Fischen	3	
	Summe	**3**	**0**
Mexiko	Bienen; Honig	38	1
	Summe	**38**	**1**
Namibia	andere Fische; Muskulatur von Fischen	12	
	andere Rinder; Muskulatur	1	
	Mastrinder; Muskulatur	2	
	Summe	**15**	**0**
Neuseeland	andere Fische; Muskulatur von Fischen	1	
	andere Ziegen; Milch	1	
	Bienen; Honig	1	
	Hirsche; Muskulatur	4	
	Muscheln; Muskulatur von Fischen	1	
	Schafe Mastlämmer; Muskulatur	9	
	Summe	**17**	**0**
Nicaragua	Bienen; Honig	6	
	Summe	**6**	**0**
Oman	andere Fische; Muskulatur von Fischen	2	
	Summe	**2**	**0**
Pakistan	Schafe Mastlämmer; Darm	1	
	Summe	**1**	**0**
Paraguay	Mastschweine; Darm	1	
	Summe	**1**	**0**
Philippinen	andere Fische; Muskulatur von Fischen	5	
	Summe	**5**	**0**
Russische Föderation	andere Fische; Muskulatur von Fischen	3	
	Summe	**3**	**0**
Senegal	andere Fische; Muskulatur von Fischen	3	
	Summe	**3**	**0**

Tab. 2.13 Fortsetzung

Herkunft	Probenart	Anzahl	
		Proben	Positive
Sri Lanka	andere Fische; Muskulatur von Fischen	28	1
	andere (Krebs-) Krustentiere; Muskulatur von Fischen	1	
	Summe	**29**	**1**
Südafrika	andere Fische; Muskulatur von Fischen	6	
	Strauße; Muskulatur	1	
	Summe	**7**	**0**
Taiwan	andere Mollusken; Muskulatur von Fischen	1	
	Summe	**1**	**0**
Tansania, Vereinigte Republik	andere Fische; Muskulatur von Fischen	2	
	Summe	**2**	**0**
Thailand	andere (Krebs-) Krustentiere; Muskulatur von Fischen	14	
	andere Mollusken; Muskulatur von Fischen	2	
	anderes Geflügel; Muskulatur	3	
	Bienen; Honig	1	
	Enten; Muskulatur	5	
	Lachse; Muskulatur von Fischen	1	
	Masthähnchen; Muskulatur	59	
	Muscheln; Muskulatur von Fischen	2	
	Prawns; Muskulatur von Fischen	2	
	Shrimps; Muskulatur von Fischen	9	
	Summe	**98**	**0**
Türkei	andere Fische; Muskulatur von Fischen	1	
	Bienen; Honig	2	
	Summe	**3**	**0**
Uganda	andere Fische; Muskulatur von Fischen	1	
	Summe	**1**	**0**
Uruguay	andere Pferde; Muskulatur	1	
	andere Rinder; Muskulatur	8	
	Bienen; Honig	6	
	Mastkälber; Darm	1	
	Mastkälber; Muskulatur	2	
	Mastrinder; Darm	1	
	Mastrinder; Muskulatur	35	
	Schafe Mastlämmer; Muskulatur	1	
	Summe	**55**	**0**

Tab. 2.13 Fortsetzung

Herkunft	Probenart	Anzahl	
		Proben	Positive
Venezuela	Shrimps; Muskulatur von Fischen	1	
	Summe	**1**	**0**
Vereinigte Staaten von Amerika	andere Fische; Muskulatur von Fischen	5	
	andere (Krebs-) Krustentiere; Muskulatur von Fischen	1	1
	andere Rinder; Haut mit Fett	2	
	andere Rinder; Muskulatur	2	
	Kühe; Milch	1	
	Lachse; Muskulatur von Fischen	2	
	Legehennen (Suppenhühnchen); Eier	3	
	Mastrinder; Muskulatur	11	
	Wildschweine; Muskulatur	2	
	Summe	**29**	**1**
Vietnam	andere Fische; Muskulatur von Fischen	47	
	andere (Krebs-) Krustentiere; Muskulatur von Fischen	24	
	andere Mollusken; Muskulatur von Fischen	2	
	Muscheln; Muskulatur von Fischen	1	
	Prawns; Muskulatur von Fischen	1	
	Shrimps; Muskulatur von Fischen	23	
	Summe	**98**	**0**
	Schafe Mastlämmer; Darm	1	
nicht zuzuordnen		**1**	**0**
Summe Drittländer		**1.020**	12

2.3.2.2 Schweine

14 Proben von Schweinen wurden insgesamt untersucht, davon 9 Proben auf verbotene Stoffe mit anaboler Wirkung und andere verbotene bzw. nicht zugelassene Stoffe, 2 auf antibakteriell wirksame Stoffe, 6 auf sonstige Tierarzneimittel und 4 auf Umweltkontaminanten.

Keine der Proben enthielt Rückstände in gesetzlich nicht erlaubter Höhe.

2.3.2.3 Geflügel

Von den insgesamt 248 Proben von Geflügel wurden 68 Proben auf verbotene Stoffe mit anaboler Wirkung und andere verbotene bzw. nicht zugelassene Stoffe, 23 auf antibakteriell wirksame Stoffe, 122 auf sonstige Tierarzneimittel und 85 auf Umweltkontaminanten untersucht.

In 1 von 7 auf Meticlorpindol untersuchten Putenproben, 1 Probe aus Israel, wurde in der Muskulatur das Kokzidiostatikum mit einem Gehalt von 37,3 μg/kg nachgewiesen, welches bei Puten nicht angewendet werden darf.

Bei 2 von 27 auf Quecksilber untersuchten Masthähnchenproben, 1 Probe aus Chile und 1 aus Brasilien, wurde im Muskel das chemische Element in einer Konzentration von 0,018 mg/kg bzw. 0,016 mg/kg nachgewiesen. Der zulässige Höchstgehalt beträgt 0,01 mg/kg.

2.3.2.4 Schafe

Im Berichtsjahr wurden 44 Proben von Schafen auf Rückstände geprüft, davon 19 auf verbotene Stoffe mit anaboler Wirkung und andere verbotene bzw. nicht zugelassene Stoffe, 12 auf antibakteriell wirksame Stoffe, 19 auf sonstige Tierarzneimittel und 8 auf Umweltkontaminanten. Keine der Proben enthielt Rückstände in gesetzlich nicht erlaubter Höhe.

2.3.2.5 Pferde

Eine Probe von Pferden wurde auf Rückstände von verbotenen Stoffen mit anaboler Wirkung und andere verbotene bzw. nicht zugelassene Stoffe und auf Umweltkontaminanten untersucht. Die Probe enthielt keine Rückstände in gesetzlich nicht erlaubter Höhe.

2.3.2.6 Kaninchen

Insgesamt wurden 26 Proben von Kaninchen auf Rückstände geprüft, davon 12 auf verbotene Stoffe mit anaboler Wirkung und andere verbotene bzw. nicht zugelassene Stoffe, 13 auf sonstige Tierarzneimittel und 9 auf Umweltkontaminanten. Keine der Proben enthielt Rückstände in gesetzlich nicht erlaubter Höhe.

2.3.2.7 Wild

Insgesamt wurden 9 Wildproben untersucht, 4 stammten von Zuchtwild und 5 von Wild aus freier Wildbahn. Getestet wurden Wildschweine, Hirsche, Strauße und ein nicht näher definiertes anderes Wildtier. Auf sonstige Tierarzneimittel wurden 3 Proben von Zuchtwild und 4 Proben

Tab. 2.14 **(EÜP)** Anzahl der Proben untersuchter Tiere und tierischer Erzeugnisse

Rind	Schwein	Schaf	Pferd	Geflügel	Aquakulturen	Kaninchen	Wild	Milch	Eier	Honig
159	14	44	1	248	366	26	9	2	5	146

von Wild aus freier Wildbahn untersucht. Bei den Umweltkontaminanten waren es 3 Proben von Zuchtwild und 5 Proben von Wild aus freier Wildbahn. Keine der Proben enthielt Rückstände in gesetzlich nicht erlaubter Höhe.

2.3.2.8 Aquakulturen

Im Jahr 2013 wurden insgesamt 366 Proben untersucht und davon 78 auf verbotene Stoffe mit anaboler Wirkung und andere verbotene bzw. nicht zugelassene Stoffe, 46 auf antibakteriell wirksame Stoffe, 39 auf sonstige Tierarzneimittel und 259 auf Umweltkontaminanten.

Insgesamt wurden in 4 Proben (1,10 %) Rückstände in unerlaubter Höhe nachgewiesen.

Die untersuchten Tierarten sind Tabelle 2.15 zu entnehmen.

Tab. 2.15 **(EÜP)** Untersuchte Tierarten der Aquakultur

Tierart	Anzahl Proben
andere Fische	188
andere (Krebs-) Krustentiere	69
Shrimps	61
Lachse	18
andere Mollusken	15
Muscheln	7
Prawns	3
Forellen	2
Butterfisch	1
Austern	1
Hummer	1

In 1 von 37 auf 3-Amino-2-oxazolidinon (AOZ) und Semicarbazid (SEM) untersuchten Proben (2,70 %) wurden beide Stoffe in (Krebs-)Krustentieren aus China nachgewiesen. Die Gehalte lagen bei 1,56 µg/kg bzw. bei 0,54 µg/kg.

In 3 von 146 auf Quecksilber untersuchten Proben (2,05 %) von Aquakulturen wurde der Stoff oberhalb des zulässigen Höchstgehaltes von 0,5 mg/kg nachgewiesen. 2 Proben stammten von Fischen jeweils 1 aus Chile und 1 aus Sri Lanka, 1 Probe stammte von (Krebs-)Krustentieren aus den USA. Die Gehalte lagen bei 1,21 mg/kg, 1,3 mg/kg und 0,80 mg/kg.

2.3.2.9 Milch

Im Jahr 2013 wurden insgesamt 2 Proben untersucht, davon 1 auf verbotene Stoffe mit anaboler Wirkung und andere verbotene bzw. nicht zugelassene Stoffe, 1 auf antibakteriell wirksame Stoffe und beide auf sonstige Tierarzneimittel. Keine der Proben enthielt Rückstände in gesetzlich nicht erlaubter Höhe.

2.3.2.10 Hühnereier

Im Jahr 2013 wurden insgesamt 5 Proben untersucht, davon 4 auf verbotene Stoffe mit anaboler Wirkung und andere verbotene bzw. nicht zugelassene Stoffe und 1 auf Tierarzneimittel. Keine der Proben enthielt Rückstände in gesetzlich nicht erlaubter Höhe.

2.3.2.11 Honig

Insgesamt wurden 2013 146 Honigproben auf Rückstände geprüft, davon 63 auf verbotene bzw. nicht zugelassene Stoffe, 81 auf antibakteriell wirksame Stoffe, 57 auf sonstige Tierarzneimittel und 15 auf Umweltkontaminanten.

In 5 von insgesamt 81 auf antibakteriell wirksame Stoffe untersuchten Honigproben (6,17 %) wurden nicht zulässige Rückstände gefunden. In 1 Probe aus Indien wurde Sulfamethoxazol, Tetracyclin, sein Epimer Epi-Tetracyclin und Tylosin B mit Gehalten von 1,3 µg/kg, 1,2 µg/kg, 3,5 µg/kg bzw. 8,3 µg/kg nachgewiesen. In 3 Proben, 1 aus Mexiko und 2 aus Argentinien, wurde Oxytetracyclin mit Gehalten von 2,4 µg/kg, 4,8 µg/kg bzw. 1,0 µg/kg gefunden. In der fünften Probe ebenfalls aus Indien wurde Tetracyclin und Epi-Tetracyclin mit Gehalten von 5,3 µg/kg bzw. 4,6 µg/kg ermittelt. Auf die einzelnen Stoffe wurden jeweils 30 bis 32 Proben untersucht. Alle genannten Stoffe dürfen bei Bienen nicht angewendet werden.

2.3.3 Maßnahmen im Rahmen des EÜP

Im Jahr 2013 wurden 745 Untersuchungen an 101 Verdachtsproben durchgeführt. Die Proben wurden auf 72 Stoffe untersucht. Die meisten Proben wurden aufgrund folgender Sondervorschriften der Kommission[3] untersucht:

- Entscheidung 2006/27/EG über Sondervorschriften für die Einfuhr von zum Verzehr bestimmtem Fleisch und Fleischerzeugnissen von Equiden aus Mexiko (ABl. L 19 vom 24. Januar 2006, S. 30 – 31), in der festgelegt wurde, dass Fleisch und Fleischerzeugnisse von Equiden den risikobasierten amtlichen Kontrollen unterzogen werden, insbesondere auf bestimmte Stoffe mit hormonalen Wirkungen und auf Beta-Agonisten.
- Entscheidung 2008/630/EG über Sofortmaßnahmen für die Einfuhr von zum Verzehr bestimmten Krustentieren aus Bangladesch (ABl. L 205 vom 1. August 2008, S. 49 – 50), in der festgelegt wurde, dass nur Krustentiersendungen eingeführt werden dürfen, sofern diesen die Ergebnisse einer am Herkunftsort durchgeführten analytischen Untersuchung beiliegen oder anhand von analytischen Untersuchungen im Import-

[3] Die an dieser Stelle aufgelisteten Rechtsgrundlagen werden im Literaturverzeichnis nicht aufgeführt.

land insbesondere geprüft wurde ob Chloramphenicol, Tetracyclin, Oxytetracyclin, Chlortetracyclin, Nitrofuranmetaboliten oder Malachitgrün bzw. Kristallviolett oder ihre jeweiligen Leuko-Metaboliten vorhanden sind.
- Durchführungsbeschluss 2012/690/EU der Kommission vom 6. November 2012 zur Änderung des Beschlusses 2010/381/EU über Sofortmaßnahmen für aus Indien eingeführte Sendungen mit zum menschlichen Verkehr bestimmten Aquakulturerzeugnissen und zur Aufhebung des Beschlusses 2010/220/EU über Sofortmaßnahmen für aus Indonesien eingeführte Sendungen mit zum menschlichen Verzehr bestimmten Zuchtfischereierzeugnissen (ABl. L 308 vom 8. November 2012, S. 21 – 22) in dem festgelegt wurde, dass mithilfe geeigneter Probenahmepläne sichergestellt wird, dass bei mindestens 10 % der Sendungen, die an den Grenzkontrollstellen auf ihrem Hoheitsgebiet zur Einfuhr gestellt werden, amtliche Proben entnommen werden.

Im Einzelnen wurden die nachfolgend dargestellten Untersuchungen durchgeführt.

2.3.3.1 Rinder

Insgesamt wurden 5 Proben entnommen. Alle Proben stammten von Erzeugnissen aus Brasilien. 3 Proben wurden auf die antibakteriell wirksamen Stoffe Chloramphenicol, dessen Anwendung bei lebensmittelliefernden Tieren verboten ist und auf das zugelassene Florfenicol untersucht. 4 Proben wurden auf Anthelminthika getestet. Eine fünfte Probe wurde auf das Schwermetall Quecksilber geprüft. Keine der Proben enthielt Rückstände in gesetzlich nicht erlaubter Höhe.

2.3.3.2 Geflügel

Von Geflügel wurden insgesamt 23 Proben entnommen. Rückstände in unzulässiger Höhe enthielten 6 Proben (26,10 %).

Insgesamt wurden 19 Masthähnchenfleischproben und 4 Proben Putenfleisch getestet. Die Masthähnchenproben stammten von Sendungen aus Argentinien (1 Probe), Brasilien (16 Proben), China (2 Proben). Die 4 Putenproben wurden von Sendungen aus Israel entnommen. Auf Kokzidiostatika wurden 14 Proben (1 × Argentinien, 7 × Brasilien, 2 × China und 4 × Israel) und auf Schwermetalle 9 Proben aus Brasilien geprüft.

In 3 von 4 auf Meticlorpindol geprüften Proben (75,0 %) wurde der Stoff in der Muskulatur nachgewiesen. Die Proben stammen von Erzeugnissen aus Israel. Meticlorpindol ist ein Kokzidiostatikum, welches in der EU nicht angewendet werden darf. Die Gehalte lagen bei 38 μg/kg, 91,4 μg/kg und 97 μg/kg. 9 Proben von Masthähnchenfleisch aus Brasilien wurden auf Quecksilber untersucht. In 3 Proben (33,33 %) wurde Quecksilber mit Gehalten von 0,017 mg/kg und zweimal 0,021 mg/kg ermittelt. Der zulässige Höchstgehalt liegt bei 0,01 mg/kg.

2.3.3.3 Aquakulturen

Von Erzeugnissen der Aquakultur wurden insgesamt 73 Proben entnommen. Rückstände in unzulässiger Höhe enthielten 7 Proben (9,59 %).

Verbotene Stoffe

Insgesamt 24 entnommene Proben verteilen sich wie folgt:
- China: 2 Fische, 3 Krebs- und Krustentiere, 7 Shrimps,
- Indien: 4 Krebs- und Krustentiere, 2 Shrimps,
- Indonesien: 1 Fische, 1 Krebs- und Krustentiere, 1 Shrimps,
- Vietnam: 3 Fische.

Die Proben wurden auf Chloramphenicol und die Nitrofuranmetabolite: 3-Amino-2-oxazolidinon (AOZ), 5-Methylmorpholino-3-amino-2-oxazolidinon (AMOZ), 1-Aminohydantoin (AHD) und Semicarbazid (SEM) sowie auf Dapson getestet.

In 4 Proben von Sendungen von Shrimps aus China wurde 3-Amino-2-oxazolidinon (AOZ) in einer Konzentration 0,51 μg/kg, 0,52 μg/kg, 0,77 μg/kg und 3,2 μg/kg nachgewiesen. In 1 Probe von Krebs- und Krustentieren aus Indien wurde Semicarbazid mit einem Gehalt von 0,6 μg/kg ermittelt.

Antibakteriell wirksame Stoffe

Insgesamt 10 entnommene Proben verteilen sich wie folgt:
- China: 1 Fische,
- Indien: 3 Krebs- und Krustentiere,
- Indonesien: 1 Fische, 1 Krebs- und Krustentiere, 1 Shrimps,
- Vietnam: 3 Fische.

Die Proben wurden auf Sulfonamide, Tetracycline und Trimethoprim untersucht. Alle Proben waren negativ.

Umweltkontaminanten und andere Stoffe

Insgesamt 49 entnommene Proben verteilen sich wie folgt:
- Chile: 1 Fische,
- China: 14 Fische, 1 Garnelen, 1 andere Krebs- und Krustentiere, 3 Lachse, 1 Muscheln,
- Indonesien: 1 Butterfisch, 1 andere Fische,
- Sri Lanka: 23 Fische,
- Vietnam: 3 Fische.

29 Proben wurden auf die Schwermetalle Blei, Cadmium und Quecksilber und 20 Proben auf Melamin getestet. Melamin wird für die Herstellung von Melaminharz ver-

wendet, einem Ausgangsstoff für Leime, Klebstoffe und Duroplasten.

Je 1 Probe von Fischen aus Sri Lanka und Vietnam enthielt Quecksilber mit Gehalten von 2,06 mg/kg und 1,07 mg/kg. Der zulässige Höchstgehalt liegt bei 0,5 mg/kg.

2.3.4 Meldepflicht nach Verordnung (EG) Nr. 136/2004

Nach Anhang II Nummer 4 der Verordnung (EG) Nr. 136/2004 sind die Mitgliedstaaten verpflichtet, der Kommission monatlich die positiven und negativen Ergebnisse der Laboruntersuchungen, die an ihren Grenzkontrollstellen durchgeführt wurden, mitzuteilen.

Insgesamt liegen dem BVL Daten zu 2.007 Proben an 1.749 Sendungen vor. Bei 66 Proben (3,29 %) kam es zu Beanstandungen durch die Länder bzw. zur Überschreitung von gesetzlich festgelegten Höchstgehalten (zusammen im Weiteren als Positive bezeichnet). Dies sind etwas mehr Positive als im Vorjahr, in dem 2,97 % der Proben positiv waren. Die Positiven verteilen sich auf die untersuchten Parameter wie aus Tabelle 2.16 ersichtlich. Dargestellt ist außerdem der prozentuale Anteil an der Gesamtuntersuchungszahl je Untersuchungsparameter. Da eine Probe auf verschiedene Untersuchungsparameter untersucht werden kann, ist die Summe der Untersuchungen höher als die Gesamtzahl der Proben.

Tab. 2.16 **(EÜP)** Untersuchungen zur Meldepflicht nach Verordnung (EG) Nr. 136/2004

Untersuchungsparameter	Anzahl Untersuchungen	Anzahl Beanstandungen	in %
Arzneimittel	916	16	1,7
Bakterien	380	26	6,8
Histamin	153	2	1,3
Hormone	77	0	0,0
Melamin	26	0	0,0
Pestizide	129	1	0,8
Pyrrolizidin-Alkaloide	20	0	0,0
Radioaktivität	31	0	0,0
Schimmelpilze	4	1	25,0
Schwermetalle	203	11	5,4
Tierartbestimmung	41	3	7,3
Sonstiges	29	6	20,7

2.4 Bewertungsbericht des Bundesinstituts für Risikobewertung zu den Ergebnissen des NRKP und EÜP 2013

2.4.1 Gegenstand der Bewertung

Das Bundesinstitut für Risikobewertung (BfR) hat die Ergebnisse des Nationalen Rückstandskontrollplans (NRKP) 2013 und des Einfuhrüberwachungsplans (EÜP) 2013 aus Sicht des gesundheitlichen Verbraucherschutzes bewertet.

2.4.2 Ergebnis

Aufgrund der vorgelegten Ergebnisse des NRKP 2013 und des EÜP 2013 besteht bei einmaligem oder gelegentlichem Verzehr von Lebensmitteln tierischer Herkunft mit den berichteten Rückständen kein unmittelbares gesundheitliches Risiko für den Verbraucher.

2.4.3 Begründung

2.4.3.1 Einführung

Der Nationale Rückstandskontrollplan (NRKP) ist ein Programm zur Überwachung von Lebensmitteln tierischer Herkunft in verschiedenen Produktionsstufen auf Rückstände von unerwünschten Stoffen.

Auf Grundlage des Einfuhrüberwachungsplanes (EÜP) werden tierische Erzeugnisse aus Drittländern (Staaten außerhalb der Europäischen Union) auf Rückstände von unerwünschten Stoffen kontrolliert.

Ziel des NRKP ist es, die illegale Anwendung verbotener oder nicht zugelassener Substanzen aufzudecken, die Einhaltung der festgelegten Rückstandshöchstmengen bzw. Höchstgehalte zu überprüfen sowie die Ursachen von Rückstandsbelastungen aufzuklären. Ebenso werden die Lebensmittel tierischen Ursprungs auf Gehalte von Umweltkontaminanten und anderen unerwünschten Stoffen untersucht.

Im Rahmen des NRKP werden alle der Lebensmittelgewinnung dienenden lebenden und geschlachteten Tiere (Rinder, Schweine, Schafe und Pferde, Geflügel, Fische aus Aquakulturen sowie Kaninchen und Wild) sowie Primärerzeugnisse (Eier, Milch und Honig) untersucht. Die Probenanzahl der einzelnen Tierarten teilt sich hierbei auf die unterschiedlichen Matrices auf (z. B. Muskel, Leber, Niere, Plasma und Urin).

Die zuständigen Behörden der Bundesländer haben im Rahmen des NRKP 2013 bei der Untersuchung von insgesamt 57.679 Proben von Tieren oder tierischen Erzeugnissen 478 Fälle in 368 Proben berichtet, in denen Rückstandshöchstmengen bzw. Höchstgehalte überschritten

Tab. 2.17 **(BfR)** Positive Rückstandsbefunde des NRKP 2013 aufgeteilt nach Stoffgruppen

Stoffgruppe A nach Richtlinie 96/23/EG	Substanzgruppe	Substanzklasse (Stoff)	Anzahl positiver Befunde in Tieren oder tierischen Erzeugnissen
Stoffe mit anaboler Wirkung und nicht zugelassene Stoffe	A1: Stilbene	Hexestrol	1
	A3: Steroide	synthetische Androgene	4
		natürliche Steroide	1
	A4: Resorcylsäure-Lactone (einschließlich Zeranol)	Taleranol	5
	A6: Stoffe der Tabelle 2 des Anhangs der Verordnung (EU) Nr. 37/2010	Amphenicole	5
		Nitroimidazole	2
		organische Chlorverbindungen	2
Stoffgruppe B nach Richtlinie 96/23/EG	**Substanzgruppe**	**Substanzklasse (Stoff)**	**Anzahl positiver Befunde in Tieren oder tierischen Erzeugnissen**
Tierarzneimittel und Kontaminanten	B1: Stoffe mit antibakterieller Wirkung, ohne Hemmstofftests	Aminoglycoside	1
		Penicilline	1
		Chinolone	2
		Diaminopyrimidine	5
		Sulfonamide	7
		Tetracycline	2
	B2: Sonstige Tierarzneimittel	Kokzidiostatika	2
		Carbamate	1
		Sedativa	2
		NSAIDs	5
		Synthetische Kortikosteroide	10
		sonstige Stoffe	1
	B3: Andere Stoffe und Kontaminanten	organische Chlorverbindungen, einschließlich PCB	28
		chemische Elemente	389
		Farbstoffe	2

oder unerwünschte Stoffe in Lebensmitteln tierischen Ursprungs gefunden wurden (Tab. 2.17).

Bei der Einfuhr von Lebensmitteln aus Drittländern wurden bei der Untersuchung von insgesamt 1.020 Proben von Tieren oder tierischen Erzeugnissen über 17 Fälle in 13 Proben berichtet, in denen Rückstände und Kontaminanten die festgelegten Rückstandshöchstmengen bzw. Höchstgehalte überschritten oder die Proben nicht zugelassene Stoffe enthielten (Tab. 2.18).

Eine detaillierte Beschreibung der Substanzen, die Zahl der Proben, die Art der Probenahmen und die untersuchten Tierarten sind den Berichten des Bundesamtes für Verbraucherschutz und Lebensmittelsicherheit (BVL) „Jahresbericht 2013 zum Nationalen Rückstandskontrollplan" und „Jahresbericht 2013 zum Einfuhrüberwachungsplan (EÜP)" unter http://www.bvl.bund.de/nrkp zu entnehmen.

2.4.3.2 Allgemeine Bewertung

Im Vergleich zum Vorjahr (2012), in dem im Rahmen des NRKP in 350 Fällen Rückstände und Kontaminanten nachgewiesen wurden, ist im Jahr 2013 die Anzahl der Fälle mit Gehalten oberhalb von Rückstandshöchstmengen, Höchstgehalten bzw. nicht eingehaltener Nulltoleranz mit 478 Fällen etwas höher. Der Anstieg ist hauptsächlich auf eine gestiegene Anzahl positiver Befunde beim Kupfer zurück zu führen. So sind im Jahr 2012 in 282 untersuchten Proben 73 positive Befunde gemeldet worden und im Jahr 2013 bei 560 untersuchten Proben 162 Befunde. Insgesamt befindet sich die Gesamtzahl positiver Befunde jedoch weiterhin auf einem niedrigen Niveau (0,83 %).

Grundsätzlich sollte die Belastung von Tieren und tierischen Erzeugnissen mit Rückständen und Kontaminanten so weit wie möglich minimiert werden. Insofern

Tab. 2.18 **(BfR)** Positive Rückstandsbefunde des EÜP 2013 aufgeteilt nach Stoffgruppen

Stoffgruppe B nach Richtlinie 96/23/EG	Substanzgruppe	Substanzklasse (Stoff)	Anzahl positiver Befunde in Tieren oder tierischen Erzeugnissen
Tierarzneimittel und Kontaminanten	A6: Stoffe der Tabelle 2 des Anhangs der Verordnung (EU) Nr. 37/2010	Nitrofurane	2
	B1: Stoffe mit antibakterieller Wirkung, ohne Hemmstofftests	Makrolide	1
		Sulfonamide	1
		Tetracycline	7
	B2: Sonstige Tierarzneimittel	Kokzidiostatika	1
	B3: Andere Stoffe und Kontaminanten	chemische Elemente	5

sind unnötige und vermeidbare zusätzliche Belastungen, insbesondere durch nicht zulässige Überschreitungen der gesetzlich festgelegten Rückstandshöchstmengen, Höchstgehalte oder der Nulltoleranz generell nicht zu akzeptieren. Lebensmittel, die verbotene Stoffe enthalten oder Rückstandshöchstmengen bzw. Höchstgehalte überschreiten, sollten nicht in den Handel gelangen.

2.4.3.3 Verwendete Verzehrsdaten

Die Auswertungen zum Verzehr von Lebensmitteln beruhen auf Daten der „Dietary History"- Interviews der Nationalen Verzehrstudie II (NVS II), die mit Hilfe des Programms „DISHES 05" erhoben wurden (MRI 2008). Die NVS II ist die zurzeit aktuellste repräsentative Studie zum Verzehr der erwachsenen deutschen Bevölkerung. Die vom Max Rubner-Institut (MRI) durchgeführte Studie, bei der insgesamt etwa 20.000 Personen im Alter zwischen 14 und 80 Jahren mittels drei verschiedener Erhebungsmethoden (Dietary History, 24 h -Recall und Wiegeprotokoll) befragt wurden, fand zwischen 2005 und 2006 in ganz Deutschland statt.

Mit der „Dietary History"-Methode wurden 15.371 Personen befragt und retrospektiv ihr üblicher Verzehr der letzten vier Wochen (ausgehend vom Befragungszeitpunkt) erfasst. Sie liefert gute Schätzungen für die langfristige Aufnahme von unerwünschten Stoffen (Rückstände/Kontaminanten), wenn Lebensmittel in allgemeinen Kategorien zusammengefasst werden oder Lebensmittel betrachtet werden, die einem regelmäßigen Verzehr unterliegen.

Die Verzehrsdatenauswertungen wurden im Rahmen des vom Bundesministeriums für Umwelt, Naturschutz und Reaktorsicherheit (BMUB) finanzierten Projektes „LExUKon", Aufnahme von Umweltkontaminanten über Lebensmittel (Blume et al. 2010) am BfR durchgeführt. Dabei wurden für die Berechnung der Verzehrsmengen Rezepte/Gerichte und nahezu alle zusammengesetzten Lebensmittel in ihre unverarbeiteten Einzelbestandteile aufgeschlüsselt und gegebenenfalls Verarbeitungsfaktoren berücksichtigt. Somit sind alle relevanten Verzehrsmengen eingeflossen. Die Rezepte sind größtenteils mit Standardrezepturen hinterlegt und berücksichtigen somit keine Variation in der Zubereitung/Herstellung und den daraus folgenden Verzehrsmengen.

Liegen keine Verzehrsangaben durch Verzehrsstudien vor, werden Portionsgrößen auf Grundlage des Bundeslebensmittelschlüssels (BLS) angenommen. Der BLS ist eine Datenbank für den Nährstoffgehalt von Lebensmitteln. Er wurde als Standardinstrument zur Auswertung von ernährungsepidemiologischen Studien und Verzehrserhebungen in der Bundesrepublik Deutschland entwickelt.

Weiterhin wird auf Daten zur Verzehrshäufigkeit selten verzehrter Lebensmittel zurückgegriffen, die in einer repräsentativen Bevölkerungsumfrage des Marktforschungsinstituts Ipsos Operations GmbH im Auftrag des BfR durchgeführt wurde. An der telefonischen Befragung nahmen 1.005 repräsentativ ausgewählte Befragte ab 14 Jahren teil. Die Befragung wurde zwischen dem 21.09.2011 und dem 27.09.2011 durchgeführt (Ehlscheid et al. 2014).

Es ist zu beachten, dass einige Lebensmittel (Niere von Schwein/Rind/Kalb/Lamm, Leber von Huhn/Geflügel sowie Fleisch von Wildschwein/Pferd/Kaninchen und Muscheln) von nur sehr wenigen Befragten verzehrt wurden. Selten verzehrte Lebensmittel lassen sich mit der Dietary-History-Methode nur schwer und oft unvollständig erfassen, da diese den üblichen Verzehr der Befragten widerspiegelt. Somit kann es bei Betrachtung der Verzehrsmengen bezogen auf die Gesamtstichprobe (alle Befragte) zu Unterschätzungen kommen. Deshalb wurde z. B. der Verzehr von Leber und Niere der verschiedenen Tierarten (Schwein, Rind, Lamm, Huhn) nicht einzeln ausgewertet, sondern stattdessen die jeweiligen Obergruppen (Leber bzw. Niere von Säugern, Leber von Geflügel) betrachtet.

Trotz der Nutzung der Obergruppen ist der Verzehreranteil für Niere von Säuger und Leber von Geflügel sehr gering, sodass die entsprechenden Werte mit Unsicherheiten behaftet sind. Deshalb wurden für diese Lebensmittelgruppen sowie für Fleisch von Wildschwein,

Pferd, Kaninchen und Muscheln zusätzlich die Verzehrsmengen der Verzehrer berechnet, die jedoch nicht dem Durchschnittsverzehr der Gesamtbevölkerung entsprechen.

Für einige Lebensmittel (z. B. Innereien von Pferd und Wild) konnten keine Auswertungen vorgenommen werden, da sie nach DISHES in der NVS II-Studie nicht verzehrt wurden. Um Verzehrsmengen dieser selten verzehrten Lebensmittel anzugeben, werden Verzehrsannahmen getroffen. Es ist davon auszugehen, dass die tatsächlichen Verzehrsmengen geringer sind, als die auf Basis der Annahmen getroffenen Schätzungen.

Bei der telefonischen Befragung zu selten verzehrten Lebensmitteln gaben 49,7 % an, in den letzten 12 Monaten keine Leber oder Niere vom Wildschwein, Reh oder Hirsch verzehrt zu haben. Weitere 43,4 % gaben an, noch nie diese Lebensmittel verzehrt zu haben. 5,3 % der Befragten verzehrten 1- bis 5-mal pro Jahr diese Lebensmittel. Laut BLS entspricht eine Portionsgröße verschiedener Tierlebern 125 g, sodass unter Annahme dieser Portionsgröße und einem maximalen Verzehr von 5-mal pro Jahr sich bei einer Person mit 70 kg Körpergewicht (KG) eine mittlere Verzehrsmenge über ein Jahr von 0,024 g/kg KG und Tag ergibt. Diese Annahmen werden jeweils für Leber vom Wildschwein sowie Niere von Wildschwein, Rotwild und Damwild getroffen.

Für den Verzehr von Leber und Niere vom Pferd werden jeweils vergleichbare Annahmen zugrunde gelegt wie bei Leber und Niere vom Wildschwein, Reh und Hirsch. Laut BLS entspricht eine Portionsgröße verschiedener Tierlebern 125 g, sodass unter Annahme dieser Portionsgröße und einem maximalen Verzehr von 5-mal pro Jahr bei einer Person mit 70 kg Körpergewicht eine mittlere Verzehrsmenge über ein Jahr von 0,024 g/kg KG und Tag angenommen wird.

Die Abschätzung der Exposition von Verbrauchern für die Wirkstoffe Nikotin, beta-HCH, DDT, Hexachlorbenzol (HCB), *cis*-Heptachlorepoxid, und Prosulfocarb und der damit verbundenen potenziellen gesundheitlichen Risiken wurde auf Basis der gemessenen Rückstände und der Verzehrsdaten verschiedener europäischer Konsumentengruppen mit der Version 2 des EFSA-Modell PRIMo durchgeführt (EFSA 2008). Es enthält die von den EU-Mitgliedstaaten gemeldeten Verzehrsdaten, die in Verzehrsstudien ermittelt wurden. Parallel dazu wurde eine Berechnung der Aufnahme der Rückstände auf Basis des NVS II-Modells des BfR durchgeführt Dieses Modell beinhaltet Verzehrsdaten für 2 – 4-jährige deutsche Kinder (ehemaliges VELS-Modell) sowie für die deutsche Gesamtbevölkerung im Alter von 14 – 80 Jahren (BfR 2012).

Die Abschätzung potenzieller chronischer Risiken für Verbraucher stellt eine deutliche Überschätzung dar, da vereinfachend angenommen wurde, dass das jeweilige Erzeugnis immer die berichtete Rückstandskonzentration enthielt. Es muss aber betont werden, dass die beprobten Matrices nur einen sehr geringen Ausschnitt des Ernährungsspektrums abdecken. Ohne weitere Informationen zu den Rückständen in anderen Lebensmitteln lässt sich eine chronische Gesamtexposition der Bevölkerung nicht realistisch abschätzen.

2.4.3.4 Bewertung der einzelnen Stoffe

Gruppe A: Stoffe mit anaboler Wirkung und nicht zugelassene Stoffe

Im Jahr 2013 wurden im Rahmen des NRKP insgesamt 32.441 Proben von Tieren oder tierischen Erzeugnissen auf Rückstände der Gruppe A (verbotene Stoffe mit anaboler Wirkung und nicht zugelassene Stoffe) untersucht, davon wurden 17 Proben (0,05 %) positiv getestet.

Im Rahmen des EÜP wurden im Jahr 2013 insgesamt 344 Proben von Tieren oder tierischen Erzeugnissen auf Rückstände der Gruppe A untersucht, dabei wurden 12 Proben (1,5 %) positiv getestet.

Stilbene (Gruppe A1)

Das zur Gruppe der Stilbene gehörende Hexestrol wurde im Urin eines von 1.000 im Rahmen des NRKP getesteten Mastschweinen mit einem Gehalt von 21,2 µg/kg gefunden.

Der Einsatz von Stilbenen bei der Lebensmittelgewinnung dienenden Tieren ist in der Europäischen Union (EU) verboten (Verordnung über Stoffe mit pharmakologischer Wirkung, Richtlinie 96/22/EG des Rates vom 29. April 1996). Die verfügbaren Daten im Urin lassen keine Rückschlüsse auf Gehalte in tierischen Lebensmitteln zu.

Steroide (Gruppe A3)

Die zur Gruppe der synthetischen Androgene gehörende Substanz 17-alpha-19-Nortestosteron (Epinandrolon) wurde in Höhe von 7,1 µg/kg bzw. 25,3 µg/kg im Urin von 2 von insgesamt 8 im Rahmen des NRKP getesteten Pferden nachgewiesen.

Bei diesen Tieren wurde ebenfalls 17-beta-19-Nortestosteron in Höhe von 3,9 µg/kg bzw. 36,5 µg/kg im Urin gefunden. Der Einsatz von 17-alpha-19-Nortestosteron und 17-beta-19-Nortestosteron als Masthilfsmittel bei Nutztieren ist in der EU verboten (Verordnung über Stoffe mit pharmakologischer Wirkung, Richtlinie 96/22/EG des Rates vom 29. April 1996).

Das zur Gruppe der natürlichen Steroide gehörende 17-beta-Testosteron wurde im Rahmen des NRKP in Höhe von 48 µg/kg im Plasma eines von 132 Mastrindern nachgewiesen.

Bei der Beurteilung der Analysenergebnisse ist jedoch zu beachten, dass 17-alpha-19-Nortestosteron, 17-beta-19-Nortestosteron und 17-beta-Testosteron auch endogen gebildet werden kann. Ein mögliches Vorkommen an 17-alpha-19-Nortestosteron, 17-beta-19-Nortestosteron und 17-beta-Testosteron in tierischen Produkten ist nicht auszuschließen. Eine Beurteilung möglicher gesundheitlicher Risiken von Rückständen in Lebensmitteln ist anhand der Matrix (Urin bzw. Plasma) sowie der wenigen verfügbaren Daten, insbesondere zur Bioverfügbarkeit und zur Langzeitwirkung chronischer Expositionen nicht möglich.

Resorcylsäure-Lactone einschließlich Zeranol (Gruppe A4)
Das zur Gruppe der Resorcylsäure-Lactone gehörende Taleranol (beta-Zearalanol) wurde im Urin von 5 von 320 im Rahmen des NRKP getesteten Mastrindern in Höhe von 0,98 µg/kg – 3,5 µg/kg gefunden. Taleranol ist ein Epimer des Zeranols, dessen Verwendung als Masthilfsmittel verboten ist. Nachweise von Zeranol und Taleranol im Urin können auch natürliche Ursachen haben. So können diese Substanzen durch Schimmelpilze der Gattung *Fusarium* oder durch die Umwandlung der Mykotoxine Zearalenon sowie Alpha- und Beta-Zearalenol gebildet werden. Eine Unterscheidung zwischen Gehalten aufgrund von Mykotoxinen und Gehalten, die auf eine illegale Anwendung zurückzuführen sind, ist nicht einfach möglich.

Ein Vorkommen in tierischen Produkten ist zwar nicht auszuschließen, eine direkte Gefährdung der Verbraucher – bedingt durch die Matrix und die geringe Konzentration – ist jedoch unwahrscheinlich.

Stoffe aus der Tabelle 2 des Anhangs der Verordnung (EU) Nr. 37/2010 (Gruppe A6)
Insgesamt wurden im Jahr 2013 im Rahmen des NRKP 2.676 Mastschweine auf Rückstände von Chloramphenicol untersucht. Die Verabreichung von Chloramphenicol an Tiere, die der Lebensmittelgewinnung dienen, ist verboten.

In der Muskulatur eines Mastschweins wurde Chloramphenicol mit einer Konzentration von 17,4 µg/kg nachgewiesen. Im Urin eines von 2.096 Mastrindern wurde Chloramphenicol in Höhe von 0,54 µg/kg detektiert. Im Plasma von 2 von insgesamt 1.224 getesteten Masthühnern wurden Gehalte von 0,22 µg/kg bzw. 0,33 µg/kg detektiert. Bei einem dieser Tiere wurde außerdem ein Gehalt von 0,6 µg/kg in der Muskulatur nachgewiesen.

Im Rahmen der Aufklärung wurde festgestellt, dass die Rückstandsbefunde wahrscheinlich durch eine fehlerhafte Probenahme, bei der es zu einer Kontamination der Probe mit Chloramphenicol kam, zustande kamen. Somit war Chloramphenicol wahrscheinlich nicht im Lebensmittel selbst enthalten.

In im Rahmen des EÜP 2013 untersuchten Importproben wurde der Furazolidon-Metabolit 3-Amino-2-oxazolidinon (AOZ) detektiert. Aus Aquakulturen wurden 37 Proben auf diesen Metabolit untersucht. In der Muskulatur 1 Probe von Krebs- und Krustentieren wurde ein Gehalt dieses Stoffes von 1,56 µg/kg gemessen.

In derselben Probe wurde auch Semicarbazid, ein Metabolit von Nitrofural, in Höhe von 0,54 µg/kg nachgewiesen.

Die Anwendung von Nitrofuranen als Tierarzneimittel für lebensmittelliefernde Tiere ist aufgrund der mutagenen und karzinogenen Eigenschaften verboten. Nitrofurane sind in Tabelle 2 des Anhangs der Verordnung (EU) Nr. 37/2010 der Kommission vom 22. Dezember 2009 aufgenommen.

Nachweisbare Rückstände von Nitrofuranen dürfen somit in Lebensmitteln tierischer Herkunft nicht enthalten sein. Da Lebensmittel mit Rückständen von Nitrofuranen in jeder Konzentration eine Gefahr für die Gesundheit der Verbraucher darstellen können, sollten Anstrengungen unternommen werden, kontaminierte Ware nicht in den Handel gelangen zu lassen.

Der zur Gruppe der Nitroimidazole gehörige Wirkstoff Metronidazol wurde mit einer Konzentration von 0,29 µg/kg bzw. 1,82 µg/kg im Plasma von 2 Mastschweinen gefunden. Insgesamt wurden im Rahmen des NRKP 3.823 Proben von Schweinen auf Metronidazol untersucht. Die Aufklärung der Rückstandsursache ergab bei 1 Probe, dass Metronidazol durch eine mögliche Verschleppung bei der Probenahme in die untersuchte Matrix gelangte.

Aufgrund des Verdachts der Genotoxizität und Kanzerogenität wurde Metronidazol in die Tabelle 2 des Anhangs der Verordnung (EU) Nr. 37/2010 der Kommission vom 22. Dezember 2009 aufgenommen. Der Einsatz bei Tieren, die der Lebensmittelgewinnung dienen, ist somit verboten. Die verfügbaren Daten zu den Konzentrationen an Metronidazol im Plasma lassen keine Rückschlüsse auf Gehalte in tierischen Lebensmitteln zu.

Das zur Stoffgruppe der Organischen Chlorverbindungen gehörende Chloroform wurde in 2 Milchproben in Konzentrationen von 0,01 bzw. 0,02 mg/kg nachgewiesen. Insgesamt wurden im Rahmen des NRKP 42 Milchproben auf Organische Chlorverbindungen untersucht. Die Aufklärung der Rückstandsursache ergab, dass es sich hierbei um Reinigungsmittelrückstände im verarbeitenden Betrieb handelte.

Gruppe B 1: Antibakteriell wirksame Stoffe (Nachweise ohne Hemmstofftests)
Im Jahr 2013 wurden im Rahmen des NRKP insgesamt 17.403 Proben auf Rückstände der Gruppe B1 (antibak-

teriell wirksame Stoffe) untersucht, davon wurden 15 (0,09 %) positiv getestet.

Im Rahmen des EÜP wurden im Jahr 2013 insgesamt 204 Proben von Tieren oder tierischen Erzeugnissen auf antibakteriell wirksame Stoffe untersucht, 5 (2,45 %) der Proben wiesen einen positiven Befund auf.

Aminoglycoside (B1A)

Bei einem von 32 im Rahmen des NRKP auf Aminoglycoside untersuchten Kälbern wurde in der Niere eine Rückstandshöchstmengenüberschreitung für den Wirkstoff Gentamicin festgestellt (1.550 μg/kg). Die zulässige Rückstandshöchstmenge in der Niere von Rindern beträgt 750 μg/kg (Verordnung (EU) Nr. 37/2010 der Kommission vom 22. Dezember 2009).

Der mikrobiologische ADI-Wert (*Acceptable Daily Intake*, akzeptable tägliche Aufnahmemenge) für Gentamicin beträgt 4 μg/kg KG und Tag bzw. 240 μg/Person und Tag (EMEA 2001). Ein Vielverzehrer von Niere (95. Perzentil der Verzehrer) würde bei einer Aufnahme von 0,112 g Niere/kg KG des beprobten Mastkalbes 0,17 μg Gentamicin pro kg KG (10,2 μg Gentamicin/Person, bezogen auf ein 60 kg Person) pro Tag aufnehmen. Dies entspricht einer Ausschöpfung des ADI-Wertes von 3,34 %.

Die Ursache dieser Rückstandshöchstmengenüberschreitung beruht wahrscheinlich auf der Nichteinhaltung der Wartezeit bis zur Schlachtung. Ein Risiko für den Konsumenten beim Verzehr dieses mit Gentamicin belasteten Lebensmittels ist unwahrscheinlich.

Penicilline (B1D)

Bei 1 von 445 im Rahmen des NRKP auf Penicilline untersuchten Milchproben wurde ein Gehalt von Benzylpenicillin/Penicillin G von 17 μg/kg festgestellt. Für Milch gilt nach Verordnung (EU) Nr. 37/2010 der Kommission vom 22. Dezember 2009 eine Rückstandshöchstmenge von 4 μg/kg.

Für Benzylpenicillin wurde ein ADI-Wert von 30 μg/Person und Tag (FAO/WHO 2011b) abgeleitet, das entspricht bei einem angenommenen Personengewicht von 60 kg 0,5 μg/kg KG und Tag.

Für den Verzehr von Milch wird nach den Daten der NVS II das 95. Perzentil aller Befragten für die Langzeitaufnahme von 9,355 g/kg KG und Tag angenommen. Somit würde ein Vielverzehrer (95. Perzentil der Gesamtbevölkerung) mit dieser belasteten Milch ca. 0,16 μg Benzylpenicillin pro kg KG und Tag aufnehmen. Dies entspricht 31,8 % des ADI-Wertes.

Berücksichtigt man, dass es sich hierbei um einen Einzelbefund handelt und in der Abschätzung der Exposition des Verbrauchers ein chronischer Verzehr von Milch, die den hier ermittelten Gehalt aufweist, angenommen wurde, ist ein gesundheitliches Risiko für den Konsumenten beim Verzehr dieser mit Benzylpenicillin belasteten Milch unwahrscheinlich.

Chinolone (B1E)

5.050 Schweine und 398 Truthühner wurden im Rahmen des NRKP auf Rückstände des Wirkstoffes Enrofloxacin untersucht. Insgesamt wurde jeweils bei einem Schwein und einem Truthuhn ein Befund ermittelt. In der Muskulatur eines Schweins wurde ein Gehalt von 361 μg/kg, bei einem Truthuhn ein Gehalt von 272 μg/kg gemessenen. Für die belasteten Proben wurde zusätzlich auch die Summe von Enrofloxacin und Ciprofloxacin mit 380,1 μg/kg (Schwein) bzw. 272 μg/kg (Truthuhn) detektiert.

Die zulässige Rückstandshöchstmenge für die Summe von Enrofloxacin und Ciprofloxacin liegt sowohl für Muskelfleisch von Schweinen als auch von Truthühnern bei 100 μg/kg (Verordnung (EU) Nr. 37/2010 der Kommission vom 22. Dezember 2009). Der mikrobiologische ADI-Wert wurde auf 6,2 μg/kg KG und Tag bzw. 372 μg Enrofloxacin/Person und Tag festgelegt (EMEA 2002a).

Für den Verzehr von Schweinefleisch betrug nach den Daten der NVS II das 95. Perzentil aller Befragten für die Langzeitaufnahme 1,629 g Schweinefleisch pro kg KG und Tag. Legt man den gemessenen Befund von 380,1 μg Enrofloxacin/kg (gemessen als Summe Enrofloxacin und Ciprofloxacin) zugrunde, so würde ein Vielverzehrer (95. Perzentil der Gesamtbevölkerung) ca. 0,62 μg Enrofloxacin pro kg KG und Tag aufnehmen. Dies entspricht einem Anteil von ca. 10 % des ADI-Wertes.

Da der Verzehr von Truthahnfleisch aus den Daten der NVS II nicht abgelesen werden kann, wurden für die Expositionsschätzung des Befundes die Verzehrsdaten für Muskelfleisch von Pute verwendet. Für den Verzehr von Putenfleisch betrug nach den Daten der NVS II das 95. Perzentil aller Befragten für die Langzeitaufnahme 0,174 g Putenfleisch pro kg KG und Tag. Somit würde ein Vielverzehrer (95. Perzentil der Gesamtbevölkerung) ca. 0,05 μg Enrofloxacin pro kg KG und Tag aufnehmen. Dies entspricht einem Anteil von ca. 0,76 % des ADI-Wertes von 6,2 μg/kg KG und Tag.

Ein gesundheitliches Risiko für den Konsumenten beim Verzehr dieser mit Enrofloxacin belasteten Lebensmittel ist unwahrscheinlich.

Diaminopyrimidine (B1F)

Der zur Gruppe der Diaminopyrimidine gehörende Wirkstoff Trimethoprim wurde im Rahmen des NRKP bei der Untersuchung von insgesamt 3.382 Schweinen und 635 Masthähnchen bei jeweils einem Tier in der Muskulatur detektiert. Die gemessenen Konzentrationen lagen beim Mastschwein bei 149 μg/kg und beim Masthähnchen bei 88,5 μg/kg in der Muskulatur. Außerdem wurde in 3 Nieren von Schweinen Gehalte von 68,3 μg/kg bis

202,3 µg/kg gemessen. Die zulässigen Rückstandshöchstmengen von 50 µg/kg für Muskulatur und Niere aller zur Lebensmittelgewinnung dienender Tiere wurde damit überschritten (Verordnung (EU) Nr. 37/2010 der Kommission vom 22. Dezember 2009). Der mikrobiologische ADI-Wert für Trimethoprim beträgt 252 µg/Person und Tag (EMEA 2002b), das entspricht bei einem Personen-Gewicht von 60 kg 4,2 µg/kg KG und Tag.

Für den Verzehr von Schweinefleisch betrug nach den Daten der NVS II das 95. Perzentil aller Befragten für die Langzeitaufnahme 1,629 g Schweinefleisch pro kg KG und Tag. Somit würde ein Vielverzehrer (95. Perzentil der Gesamtbevölkerung) über den Verzehr der beanstandeten Probe ca. 0,24 µg Trimethoprim pro kg KG und Tag aufnehmen. Dies entspricht einer Ausschöpfung des ADI-Wertes von ca. 5,78 %.

Der Verzehr von Hähnchenfleisch betrug nach den Daten der NVS II für die Langzeitaufnahme 0,66 g/kg KG und Tag. Somit würde ein Vielverzehrer (95. Perzentil der Gesamtbevölkerung) über den Verzehr der beanstandeten Probe ca. 0,06 µg Trimethoprim pro kg KG und Tag aufnehmen. Dies entspricht einer Ausschöpfung des ADI-Wertes von ca. 1,39 %.

Ein Vielverzehrer von Schweineniere (95. Perzentil der Verzehrer) würde bei einer Aufnahme von 0,068 g/kg KG der Nierenprobe mit dem höchsten Gehalt 0,01 µg Trimethoprim pro kg KG und Tag aufnehmen. Dies entspricht einer Ausschöpfung des ADI-Wertes von 0,33 %.

Berücksichtigt man, dass für die Abschätzung der Exposition des Verbrauchers ein chronischer Verzehr von Lebensmitteln angenommen wurde und die Ausschöpfungsraten des ADI-Wertes gering sind, ist ein gesundheitliches Risiko des Konsumenten beim Verzehr dieser mit Trimethoprim belasteten Einzelproben unwahrscheinlich.

Makrolide (B1I)

In 1 von 30 im Rahmen des EÜP 2013 auf Tylosin B (Desmycosin) untersuchten Honigproben wurde ein Gehalt von 8,3 µg/kg detektiert. Tylosin B ist ein Metabolit von Tylosin. Für die Matrix Honig ist in der Verordnung (EU) Nr. 37/2010 der Kommission vom 22. Dezember 2009 keine Rückstandshöchstmenge für Tylosin festgelegt, somit gilt die Nulltoleranz.

Für Tylosin wurde von der EMA ein mikrobiologischer ADI-Wert von 360 µg/Person und Tag festgelegt (EMEA 2002c), das entspricht bei einem Personen-Gewicht von 60 kg 6 µg/kg KG und Tag.

Für den Verzehr von Honig betrug nach den Daten der NVS II das 95. Perzentil aller Befragten für die Langzeitaufnahme 0,281 g/kg KG und Tag. Somit würde ein Vielverzehrer (95. Perzentil der Gesamtbevölkerung) über den Verzehr der beanstandeten Probe ca. 0,002 µg Tylosin B pro kg KG und Tag aufnehmen. Geht man davon aus, dass Tylosin B die gleiche mikrobiologische Aktivität wie Tylosin hat, ergibt sich eine Ausschöpfung des ADI-Wertes allein durch die Aufnahme von Tylosin B von ca. 0,04 %.

Ein gesundheitliches Risiko des Verbrauchers durch den Verzehr von Honig mit dem oben angegebenen Gehalt ist unwahrscheinlich.

Sulfonamide (B1L)

Insgesamt wurden im NRKP 2013 u. a. 3.965 Schweine auf Rückstände von Sulfonamiden beprobt.

In demselben Mastschwein, in dessen Muskulatur der Wirkstoff Trimethoprim detektiert wurde, ist zusätzlich im Muskelfleisch auch Sulfadimidin/Sulphamethazin mit einer Konzentration von 558 µg/kg gemessen worden. In der Niere eines Schweins, in dessen Niere Trimethoprim nachgewiesen wurde, wurde auch Sulfadiazin/Sulfapyrimidin mit einem Gehalt von 108 µg/kg und in einem weiteren Schwein Sulfadimethoxin in der Niere in Höhe von 120,9 µg/kg nachgewiesen. Die erhöhten Werte von Substanzmarkern für Sulfonamide und Trimethoprim in der gleichen Probe und dem gleichen Gewebe deuten auf die Verabreichung eines Kombipräparates (Trimethoprim + Sulfadimin) hin. 3 weitere Schweine wiesen Sulfadiazin-/Sulfapyrimidingehalte in der Niere von 114,2 µg/kg bis 127,9 µg/kg auf. In der Muskulatur von einem von insgesamt 552 auf Sulfadoxin getesteten Mastrindern wurden 338 µg/kg Sulfadoxin detektiert.

Die Rückstände aller Stoffe der Sulfonamidgruppe insgesamt dürfen für alle zur Lebensmittelerzeugung genutzten Tiere sowohl in Muskulatur als auch in Niere 100 µg/kg nicht überschreiten (Verordnung (EU) Nr. 37/2010 der Kommission vom 22. Dezember 2009).

Der ADI-Wert für Sulfadimidin/Sulphamethazin beträgt 0 µg/kg bis 50 µg/kg KG und Tag (JECFA 1994).

Für den Verzehr von Schweinefleisch betrug nach den Daten der NVS II das 95. Perzentil aller Befragten für die Langzeitaufnahme 1,629 g Schweinefleisch pro kg KG und Tag. Somit würde ein Vielverzehrer bei der gemessenen Konzentration von 558 µg/kg ca. 0,91 µg Sulfadimidin pro kg KG und Tag aufnehmen. Dies entspricht, bezogen auf den ADI-Wert von 50 µg/kg KG und Tag, einer Ausschöpfung des ADI-Wertes von ca. 1,82 %.

Ein Vielverzehrer von Schweineniere (95. Perzentil der Verzehrer) würde bei einer Aufnahme von 0,068 g/kg KG der Nierenprobe mit dem höchsten Sulfonamidgehalt 0,01 µg/kg KG und Tag aufnehmen. Dies entspricht einer Ausschöpfung des ADI-Wertes von 0,02 %.

Im EÜP 2013 wurden 32 Honigproben auf Sulfamethoxazol getestet, davon wies 1 Probe einen Gehalt von 1,3 µg/kg auf.

Für die Matrix Honig sind in der Verordnung (EU) Nr. 37/2010 der Kommission vom 22. Dezember 2009 keine Rückstandshöchstmengen für Sulfonamide festgelegt, somit gilt die Nulltoleranz.

Für den Verzehr von Honig betrug nach den Daten der NVS II das 95. Perzentil aller Befragten für die Langzeitaufnahme 0,281 g/kg KG und Tag. Somit würde ein Vielverzehrer (95. Perzentil der Gesamtbevölkerung) über den Verzehr der beanstandeten Probe ca. 0,0004 µg Sulfamethoxazol pro kg KG und Tag aufnehmen.

Eine gesundheitliche Beeinträchtigung durch Verzehr dieser sulfonamidhaltigen Lebensmittel ist unwahrscheinlich.

Tetracycline (B1M)

Im Rahmen des NRKP 2013 sind insgesamt 9.690 Tiere auf Rückstände aus der Gruppe der Tetracycline beprobt worden. Insgesamt sind 2 Proben positiv befundet worden. In der Muskulatur eines Truthuhns, von insgesamt 473 auf Doxycyclin getesteten Truthühnern, wurde Doxycyclin in Höhe von 118,2 µg/kg detektiert. In der Muskulatur eines von 2.016 auf Tetracyclin getesteten Schweins wurde sowohl für Tetracyclin allein als auch für die Summe aus der Muttersubstanz und ihren 4-Epimeren ein Gehalt von 171 µg/kg gemessen.

Für die Wirkstoffe Tetracyclin, Oxytetracyclin, Chlortetracyclin und Doxycyclin wurde der gleiche ADI-Wert von 3 µg/kg KG und Tag (EMEA 1995, 1997b) festgelegt. Für alle zur Lebensmittelerzeugung genutzten Arten gelten identische Rückstandshöchstmengen für Tetracyclin, Oxytetracyclin und Chlortetracyclin von jeweils 100 µg/kg für Muskelfleisch, wobei als Markersubstanz immer die Summe von Muttersubstanz und ihren 4-Epimeren gilt. Für Doxycyclin gilt ebenfalls eine Rückstandshöchstmenge von 100 µg/kg für Muskelfleisch (Verordnung (EU) Nr. 37/2010 der Kommission vom 22. Dezember 2009). Für Honig ist für keine der aufgeführten Substanzen eine Rückstandshöchstmenge festgelegt.

Für den Verzehr von Schweinefleisch betrug nach den Daten der NVS II das 95. Perzentil aller Befragten für die Langzeitaufnahme 1,629 g Schweinefleisch pro kg KG und Tag. Unter der Annahme, dass alles verzehrte Schweinefleisch einen Tetracyclinrückstand in Höhe von 171 µg/kg aufweist, würde ein Vielverzehrer (95. Perzentil der Gesamtbevölkerung) über den Konsum von Schweinefleisch ca. 0,28 µg Tetracyclin pro kg KG und Tag aufnehmen. Dies entspricht einem Anteil von ca. 9,29 % des ADI-Wertes von 3 µg/kg KG und Tag.

Der Wirkstoff Doxycyclin wurde in der Muskulatur eines Truthahns in einer Konzentration von 118,2 µg/kg detektiert.

Da der Verzehr von Truthahnfleisch aus den Daten der NVS II nicht ermittelt werden kann, wurden für die Expositionsschätzung des Befundes die Verzehrsdaten für Muskelfleisch von Pute verwendet. Für den Verzehr von Putenfleisch betrug nach den Daten der NVS II das 95. Perzentil aller Befragten für die Langzeitaufnahme 0,174 g Putenfleisch pro kg KG und Tag. Somit würde ein Vielverzehrer (95. Perzentil der Gesamtbevölkerung) ca. 0,02 µg Doxycyclin pro kg KG und Tag aufnehmen, was einem Anteil von ca. 0,69 % des ADI-Wertes von 3 µg/kg KG und Tag entspricht.

Auf Rückstände von Wirkstoffen aus der Gruppe der Tetracycline wurden im Rahmen des EÜP 2013 31 Honigproben auf EPI-Tetracyclin getestet. In 2 dieser Proben wurden Gehalte von 3,5 µg/kg bzw. 4,9 µg/kg gefunden. In den gleichen Proben wurde auch Tetracyclin mit Gehalten von 1,2 µg/kg bzw. 5,3 µg/kg detektiert. In 3 von 32 auf Oxytetracyclin getesteten Honigproben wurden Gehalte von 1 µg/kg – 4,8 µg/kg detektiert.

Für den Verzehr von Honig betrug nach den Daten der NVS II das 95. Perzentil aller Befragten für die Langzeitaufnahme 0,281 g/kg KG und Tag. Somit würde ein Vielverzehrer (95. Perzentil der Gesamtbevölkerung) über den Verzehr der beanstandeten Probe mit dem höchsten Gehalt ca. 0,02 µg EPI-Tetracyclin pro kg KG und Tag aufnehmen. Dies entspricht einer Ausschöpfung des ADI-Wertes von ca. 0,05 %.

Insgesamt ist ein gesundheitliches Risiko der Verbraucher aufgrund des Verzehrs dieser mit Rückständen von Tetracyclinen belasteten Lebensmittel unwahrscheinlich.

Gruppe B 2: Sonstige Tierarzneimittel

Im Jahr 2013 wurden im Rahmen des NRKP insgesamt 22.123 Proben auf sonstige Tierarzneimittel untersucht, davon wurden 19 (0,09 %) positiv getestet. Im Rahmen des EÜP wurden im Jahr 2013 insgesamt 327 Proben von Tieren oder tierischen Erzeugnissen auf sonstige Tierarzneimittel untersucht, davon waren 2 (0,61 %) positiv.

Kokzidiostatika (Gruppe B2b)

Kokzidiostatika (und Histomonostatika) sind Stoffe, die zur Abtötung von Protozoen oder zur Hemmung des Wachstums von Protozoen dienen und u. a. als Futtermittelzusatzstoffe gemäß der Verordnung (EG) Nr. 1831/2003 des Europäischen Parlaments und des Rates vom 22. September 2003 zugelassen werden können. Bei der Zulassung von Kokzidiostatika (und Histomonostatika) als Futtermittelzusatzstoffe werden spezifische Verwendungsbedingungen wie etwa die Tierarten oder Tierkategorien festgelegt, für die die Zusatzstoffe bestimmt sind (Zieltierarten bzw. Zieltierkategorien).

Futtermittelunternehmer können unter Umständen in ein und demselben Mischfutterwerk sehr unterschiedliche Futtermittel produzieren. Verschiedene Arten von Erzeugnissen werden nacheinander in derselben Produktionslinie hergestellt. Trotz Spülungen zwischen den Produktionsvorgängen kann es vorkommen, dass unvermeidbare Rückstände eines Futtermittels in der Produktionslinie verbleiben und zu Beginn des Herstellungsprozesses eines anderen (Misch-)Futtermittels in dieses übergehen. Dieser Übergang von Teilen einer Futtermittel-Charge in eine andere wird als „Verschleppung" oder „Kreuzkontamination" bezeichnet; dazu kann es beispielsweise kommen, wenn Kokzidiostatika (oder Histomonostatika) als zugelassene Futtermittelzusatzstoffe eingesetzt werden. Dies kann dazu führen, dass anschließend hergestellte Futtermittel für Nichtzieltierarten, also Futtermittel zum Einsatz bei Tierarten oder Tierkategorien, für die die Verwendung von Kokzidiostatika (oder Histomonostatika) nicht zugelassen ist, durch technisch unvermeidbare Rückstände dieser Stoffe kontaminiert werden. Zu einer derartigen Verschleppung kann es auf jeder Stufe der Herstellung und Verarbeitung, aber auch bei Lagerung und Beförderung von Futtermitteln kommen.

Die Verordnung (EG) Nr. 183/2005 des Europäischen Parlaments und des Rates vom 12. Januar 2005 enthält besondere Vorschriften für Futtermittelunternehmen, die bei der Futtermittelherstellung Kokzidiostatika (und Histomonostatika) einsetzen. Insbesondere müssen die betreffenden Unternehmer hinsichtlich Einrichtungen und Ausrüstungen sowie bei Herstellung, Lagerung und Beförderung alle geeigneten Maßnahmen ergreifen, um jede Verschleppung zu vermeiden. Dies besagen die Verpflichtungen in den Artikeln 4 und 5 der genannten Verordnung. Die Festsetzung von Höchstgehalten für Kokzidiostatika (und Histomonostatika), die aufgrund unvermeidbarer Verschleppung in Futtermitteln für Nichtzieltierarten vorhanden sind, sollte gemäß der Richtlinie 2002/32/EG des Europäischen Parlaments und des Rates vom 7. Mai 2002 nicht die vorrangige Verpflichtung der Unternehmer berühren, sachgemäße Herstellungsverfahren anzuwenden, mit denen sich eine Verschleppung vermeiden lässt.

Dennoch ist allgemein anerkannt, dass unter Praxisbedingungen bei der Herstellung von Mischfuttermitteln ein bestimmter Prozentsatz einer Futtermittelpartie im Produktionskreislauf verbleibt und diese Restmengen nachfolgender Futtermittelpartien kontaminieren können.

Lasalocid ist gemäß der Verordnung (EG) Nr. 874/2010 der Kommission vom 5. Oktober 2010 als Kokzidiostatikum für Truthühner (bis zu einem Höchstalter von 16 Wochen) und gemäß der Durchführungsverordnung (EG) Nr. 900/2011 der Kommission vom 7. September 2011 für Fasane, Perlhühner, Wachteln und Rebhühner, ausgenommen deren Legegeflügel, mit einem Höchstgehalt von 125 mg/kg im Futtermittel und einer Wartezeit von fünf Tagen als Futtermittelzusatzstoff erlaubt. Für Junghennen und Masthühner war Lasalocid bis zum 20.08.2014 zugelassen. Derzeit wird eine erneute Zulassung für diese Zieltierarten durch die Behörde für Lebensmittelsicherheit (EFSA) geprüft.

Ein Eintragsweg von Lasalocid in die Lebensmittelkette ist die unerwünschte Kontamination von Futtermitteln aufgrund technischer Unvermeidbarkeiten bei der Futtermittelherstellung. Durch diese sogenannte Verschleppung kann Lasalocid auch in Futtermittel gelangen, die für Nicht-Zieltierarten bestimmt sind.

Um dieser unvermeidbaren Kreuzkontamination während der Futtermittelherstellung Rechnung zu tragen, wurde in der Richtlinie 2009/8/EG der Kommission vom 10. Februar 2009 für Lasalocid ein Höchstgehalt von 1,25 mg/kg für Futtermittel, die für Nicht-Zieltierarten bestimmt sind, festgesetzt. Für Lebensmittel, gewonnen von Nicht-Zieltierarten, wurde mit der Verordnung (EG) Nr. 124/2009 der Kommission vom 10. Februar 2009 ein Höchstgehalt für Lasalocid von 5 µg/kg im Ei festgelegt. Die Rückstandshöchstmenge nach Verordnung (EG) Nr. 37/2010 der Kommission vom 22. Dezember 2009 beträgt für Lasalocid 150 µg/kg in Eiern.

In 1 von 253 im NRKP auf Lasalocidrückstände untersuchten Proben (0,40 %) von Eiern von Legehennen wurde der zulässige Höchstgehalt sowohl nach Verordnung (EG) Nr. 124/2009 der Kommission vom 10. Februar 2009 als auch die zulässige Rückstandshöchstmenge nach Verordnung (EG) Nr. 37/2010 der Kommission vom 22. Dezember 2009 mit 390 µg Lasalocid pro kg Ei überschritten.

Für Lasalocid-Natrium wurde ein ADI-Wert von 2,5 µg/kg KG und Tag abgeleitet (EMEA 2005).

Die mittlere Verzehrsmenge von Eiern liegt nach der NVS II (Gesamtbevölkerung) bei täglich 0,313 g/kg KG. Bei einem Gehalt für Lasalocid von 390 µg/kg Ei würde der Verbraucher täglich 0,12 µg Lasalocid pro kg KG, entsprechend einer Ausschöpfung des ADI-Wertes von 4,9 % aufnehmen. Bei einem Vielverzehrer von Eiern mit einem täglichen Verzehr von 0,788 g/kg KG (95. Perzentil der Gesamtbevölkerung nach der NVS II) läge die Ausschöpfung des ADI-Wertes bei 12,3 %. Nach Ansicht des BfR ist eine gesundheitliche Gefährdung des Verbrauchers unwahrscheinlich.

Toltrazurilsulfon ist nicht als Futtermittelzusatzstoff, sondern ausschließlich als Tierarzneimittel zur Bekämpfung der Kokzidiose zugelassen. Der Hauptmetabolit von Toltrazuril ist ein Triazinonwirkstoff mit breitem antikokzidiellem Wirkungsspektrum zur oralen Anwendung für die Behandlung von Kokzidosen.

In 1 von 170 im NRKP untersuchten Proben (0,59 %) von Truthühnern wurde die zulässige Rückstandshöchstmenge von Toltrazurilsulfon mit 160 µg/kg Muskulatur überschritten.

Gemäß der Verordnung (EU) Nr. 37/2010 der Kommission vom 22. Dezember 2009 sind die Rückstandshöchstmengen von Toltrazurilsulfon in Geflügel- und in Säugetierarten unterschiedlich geregelt. Die entsprechende Rückstandshöchstmenge für Toltrazurilsulfon in Muskel von Geflügel liegt bei 100 µg/kg. Toltrazuril darf nicht bei Geflügel angewendet werden, deren Eier für den menschlichen Verzehr bestimmt sind.

Der ADI-Wert für Toltrazurilsulfon liegt bei 2 µg/kg KG, entsprechend 120 µg pro Tag bei einer 60 kg Person (EMEA 2004b).

Aus den Daten der NVS II konnten für die Muskulatur von Truthühnern keine Auswertungen vorgenommen werden, da keine Abgrenzung der Daten möglich war (Truthahnfleisch/Putenfleisch). Aus diesem Grund wurden für die Expositionsschätzung der Befunde von Toltrazurilsulfon in der Muskulatur von Truthühnern Verzehrsdaten für Muskelfleisch von der Pute verwendet. Vielverzehrer (95. Perzentil der Gesamtbevölkerung) von Putenfleisch nehmen nach den Daten der NVS II 0,174 g Putenfleisch pro kg KG und Tag auf. Bei einem Gehalt von 160 µg Toltrazurilsulfon pro kg Muskulatur nähme ein solcher Vielverzehrer 0,028 µg des Stoffes auf. Dies entspricht einer Ausschöpfung des ADI-Wertes (2 µg/kg KG und Tag) von ca. 1,4 %.

Nach Ansicht des BfR ist eine gesundheitliche Gefährdung des Verbrauchers unwahrscheinlich.

Meticlorpindol (Syn. Clopidol, Clopindol) ist ein Kokzidiostatikum, welches in der EU bei lebensmittelliefernden Tieren weder als Futtermittelzusatzstoff noch als Tierarzneimittel zugelassen ist. Eine Rückstandshöchstmenge nach Verordnung (EG) Nr. 37/2010 der Kommission vom 22. Dezember 2009 ist für Meticlorpindol nicht erfasst, daher ist seine Anwendung bei Tieren, die der Lebensmittelgewinnung dienen, nicht erlaubt.

Im Rahmen des EÜP 2013 wurde in 1 von 63 untersuchten Proben (1,6 %) Meticlorpindol gefunden. Der Fund trat in der Muskulatur von einem von 7 (14,3 %) untersuchten Truthühnern mit einem Gehalt von 37,3 µg/kg auf.

Das Scientific Committee for Animal Nutrition (SCAN) beruft sich in seinem Bericht zu Meticlorpindol auf einen ADI-Wert von 0,015 mg/kg KG (SCAN 1982). Dieser Wert wird im Folgenden für die gesundheitliche Risikobewertung verwendet. Analog zur Auswertung der Lasalocidfunde in der Muskulatur von Truthühnern wurden für die Expositionsschätzung von Meticlorpindol in der Muskulatur von Truthühnern Verzehrsdaten für Muskelfleisch von der Pute verwendet. Vielverzehrer (95. Perzentil der Gesamtbevölkerung) von Putenfleisch nehmen nach den Daten der NVS II 0,174 g Putenfleisch/kg KG und Tag auf. Bei einem Gehalt von 37,3 µg Meticlorpindol/kg Muskulatur nähme ein solcher Vielverzehrer 0,006 µg/kg KG auf. Dies entspricht einer Ausschöpfung des ADI-Wertes (0,015 mg/kg KG und Tag) von ca. 0,043 %.

Nach Ansicht des BfR ist eine gesundheitliche Gefährdung des Verbrauchers unwahrscheinlich.

Carbamate (Gruppe B2c1)

In 1 Probe Forellenfilet wurde im Rahmen des NRKP ein Prosulfocarbrückstand von 0,34 mg/kg nachgewiesen.

Für die toxikologische Bewertung von Prosulfocarbrückständen wurden die Grenzwerte verwendet, die die EFSA in ihrer Stellungnahme zu Rückstandshöchstgehalten von Prosulfocarb in Lebensmitteln verwendet hat (EFSA 2011b):

ADI: 0,005 mg/kg KG und Tag

ARfD (Akute Referenzdosis): 0,1 mg/kg KG und Tag.

Die Bewertung erfolgt unter der sehr konservativen Annahme, dass alle verzehrten Süßwasserfische Prosulfocarbrückstände in der berichteten Höhe enthalten. Verzehrsdaten zu Fisch sind im EFSA PRIMo (EFSA 2008) nicht enthalten. Die Expositionsabschätzung wurde daher nur mit dem NVS II-Modell (BfR 2012) durchgeführt. Die so abgeschätzte Langzeitexposition deutscher Verbraucher aus dem Verzehr von Süßwasserfisch auf Basis mittlerer Verzehrsmengen entspricht weniger als 1 % des ADI-Wertes. Die höchste Ausschöpfung wurde für die deutsche Gesamtbevölkerung (14 bis 80 Jahre) berechnet.

Bezogen auf den höchsten Kurzzeitverzehr (large portion) von Süßwasserfisch, der im NVS II-Modell berichtet ist, wird für die deutsche Gesamtbevölkerung (14 bis 80 Jahre) eine ARfD-Ausschöpfung von 3 % errechnet.

Ein akutes oder chronisches Risiko für Verbraucher durch den Verzehr des mit Prosulfocarb belasteten Forellenfilets ist unwahrscheinlich.

Sedativa (Gruppe B2d)

Im NRKP 2013 wurden insgesamt 2.075 Tiere auf Beruhigungsmittel beprobt. 2 Proben (0,1 %) wurden positiv getestet.

Von insgesamt 1.045 auf Xylazin untersuchten Mastschweinen wurde bei einem in der Muskulatur ein Gehalt in Höhe von 1,21 µg/kg und in der Nieren eines anderen Schweins ein Xylazingehalt von 0,17 µg/kg gefunden. Xylazin ist in der Verordnung (EU) Nr. 37/2010 der Kommission vom 22. Dezember 2009 gelistet. Allerdings sind nur Rinder und Pferde als Tierarten genannt. Für diese wurde festgestellt, dass keine Rückstandshöchstmengen erforderlich sind.

Für den Verzehr von Schweinefleisch betrug nach den Daten der NVS II das 95. Perzentil aller Befragten für die Langzeitaufnahme 1,629 g Schweinefleisch pro kg KG und Tag. Unter der Annahme, dass alles verzehrte Schweinefleisch einen Xylazinrückstand in Höhe von 1,21 µg/kg aufweist, würde ein Vielverzehrer (95. Perzentil der Gesamtbevölkerung) über den Verzehr von Schweinefleisch ca. 0,002 µg Xylazin pro kg KG und Tag aufnehmen.

Für den Verzehr von Schweineniere betrug nach den Daten der NVS II das 95. Perzentil der Verzehrer für die Langzeitaufnahme 0,068 g/kg KG und Tag. Somit würde ein Vielverzehrer (95. Perzentil der Verzehrer) ca. 0,01 ng Xylazin pro kg KG und Tag aufnehmen.

Die EMEA konnte aufgrund fehlender Toxizitätsstudien keinen *No Observed Effect Level* (NOEL) und damit auch keinen ADI-Wert für Xylazin festlegen (EMEA 2002d). Es konnte jedoch gezeigt werden, dass bei oralen Dosen von 170 µg/kg beim Menschen erste pharmakologische Effekte auftraten. Akute toxische Effekte treten ab einer Dosis von 700 µg/kg auf.

Ein gesundheitliches Risiko für den Verbraucher durch diese Einzelbefunde in dieser geringen Konzentration ist unwahrscheinlich.

NSAIDs (Gruppe B2e)

Im Rahmen des NRKP 2013 wurden insgesamt 6.882 Tiere, darunter 1.361 Proben von Mastrindern, 771 Proben von Kühen und 2.714 Proben von Schweinen auf Wirkstoffe aus der Gruppe der nicht steroidalen Entzündungshemmer (NSAID) untersucht.

Bei 1 von 74 auf 4-Methylamino-Antipyrin (4-Methylaminophenazon) untersuchten Kühen wurde in der Muskulatur ein Rückstand von 8.700 µg/kg gemessen.

In der Leber eines von 711 auf 4-Methylamino-Antipyrin (4-Methylaminophenazon) untersuchten Schweinen wurde ein Gehalt von 121,96 µg/kg gemessen.

4-Methylamino-Antipyrin ist der analytische Markerrückstand für den Wirkstoff Metamizol. Die zulässige Höchstmenge für Metamizol, bestimmt als 4-Methylamino-Antipyrin, in der Muskulatur von Rindern und Schweinen liegt bei 100 µg/kg (Verordnung (EU) Nr. 37/2010 der Kommission vom 22. Dezember 2009). Der ADI-Wert für Metamizol beträgt 10 µg/kg KG und Tag (EMEA 2003).

Für den Verzehr von Rindfleisch betrug nach den Daten der NVS II das 95. Perzentil aller Befragten für die Langzeitaufnahme 0,767 g/kg KG und Tag. Somit würde ein Vielverzehrer (95. Perzentil der Gesamtbevölkerung) ca. 6,67 µg 4-Methylamino-Antipyrin pro kg KG und Tag aufnehmen. Dies entspricht einem Anteil von ca. 66,73 % des ADI-Wertes.

Für den Verzehr von Schweineleber betrug nach den Daten der NVS II das 95. Perzentil aller Befragten für die Langzeitaufnahme 0,075 g Leber pro kg KG und Tag. Somit würde ein Vielverzehrer (95. Perzentil der Gesamtbevölkerung) ca. 0,01 µg Metamizol pro kg KG und Tag aufnehmen. Dies entspricht einem Anteil von ca. 0,09 % des ADI-Wertes.

Berücksichtigt man, dass es sich hier um Einzelbefunde handelt, ist in Hinsicht auf die chronische Belastung ein Risiko für den Verbraucher durch Rückstände von Metamizol unwahrscheinlich.

In der Niere 1 von 86 getesteten Kühen wurde Meloxicam mit einem Gehalt von 690 µg/kg nachgewiesen.

Die Rückstandshöchstmenge beträgt nach Verordnung (EU) Nr. 37/2010 der Kommission vom 22. Dezember 2009 in der Niere von Rindern 65 µg/kg. Der ADI-Wert für Meloxicam beträgt 1,25 µg/kg KG und Tag (EMEA 2006).

Der Verzehr von Rinderniere betrug nach den Daten der NVS II für das 95. Perzentil der Verzehrer für die Langzeitaufnahme 0,082 g Niere pro kg KG und Tag. Somit würde ein Vielverzehrer (95. Perzentil der Verzehrer) ca. 0,06 µg Meloxicam pro kg KG und Tag aufnehmen. Dies entspricht einem Anteil von ca. 4,53 % des ADI-Wertes.

Berücksichtigt man, dass es sich hier um einen Einzelbefund handelt, ist in Hinsicht auf die chronische Belastung ein gesundheitliches Risiko für den Verbraucher durch Rückstände von Meloxicam unwahrscheinlich.

Im Plasma eines von 1.234 getesteten Mastrindern wurde Phenylbutazon in Höhe von 2,18 µg/kg nachgewiesen. Phenylbutazon ist nicht in der Verordnung (EU) Nr. 37/2010 der Kommission vom 22. Dezember 2009 gelistet, die Anwendung bei der Lebensmittelgewinnung dienenden Tieren ist daher nicht erlaubt. Somit weisen die Untersuchungsergebnisse auf den illegalen Einsatz dieses Wirkstoffes hin. Dem BfR liegen für diesen Phenylbutazonbefund keine Daten zum Übergang des Wirkstoffes aus dem Plasma in verzehrbares Gewebe vor.

In derselben Kuh, in der auch 4-Methylamino-Antipyrin nachgewiesen wurde, wurde auch Flunixin in der Muskulatur mit einem Gehalt von 421 µg/kg detektiert.

Die zulässige Rückstandshöchstmenge für Flunixin in Fleisch von Rindern liegt bei 20 µg/kg (Verordnung (EU) Nr. 37/2010 der Kommission vom 22. Dezember 2009). Der ADI-Wert für Flunixin beträgt 6 µg/kg KG und Tag (EMEA 2000).

Für den Verzehr von Rindfleisch betrug nach den Daten der NVS II das 95. Perzentil aller Befragten für die Langzeitaufnahme 0,767 g Fleisch pro kg KG und Tag. Somit würde ein Vielverzehrer ca. 0,32 µg Flunixin pro kg KG und Tag aufnehmen. Dies entspricht einem Anteil von ca. 5,38 % des ADI-Wertes.

In Anbetracht dieses Einzelbefundes ist hinsichtlich der chronischen Belastung ein gesundheitliches Risiko für den Verbraucher durch Rückstände von Flunixin unwahrscheinlich.

Sonstige Stoffe mit pharmakologischer Wirkung (Gruppe B2f)
Synthetische Kortikosteroide (Gruppe B2f3)
Der Wirkstoff Dexamethason gehört zur Gruppe der synthetischen Kortikosteroide. Auf Rückstände synthetischer Kortikosteroide wurden im Rahmen des NRKP insgesamt 1.887 Tiere beprobt, davon waren 9 Proben (0,48 %) positiv.

7 von 404 Kühen sowie 2 von 424 Mastrindern wurden positiv auf Dexamethason getestet. In 6 Muskelproben wurde Dexamethason in Höhe von 5 μg/kg – 31 μg/kg detektiert. In 4 Leberproben wurden Dexamethasongehalte von 5,6 μg/kg – 453 μg/kg gemessen. Dabei wurden bei einer Kuh sowohl in der Muskulatur also auch in der Leber Rückstandshöchstmengenüberschreitungen von Dexamethason gefunden. Die zulässigen Rückstandshöchstmengen für Dexamethason liegen für Rinderleber bei 2 μg/kg und für Muskulatur bei 0,75 μg/kg (Verordnung (EU) Nr. 37/2010 der Kommission vom 22. Dezember 2009). Der ADI-Wert für Dexamethason beträgt 0,015 μg/kg KG und Tag (EMEA 2004a).

Für den Verzehr von Rinderleber betrug nach den Daten der NVS II das 95. Perzentil aller Befragten für die Langzeitaufnahme 0,017 g Leber pro kg KG und Tag. Somit würde ein Vielverzehrer (95. Perzentil der Gesamtbevölkerung), der ausschließlich Rinderleber mit der höchsten im Rahmen des NRKP 2013 gemessenen Konzentration an Dexamethason konsumiert, ca. 0,01 μg Dexamethason pro kg KG und Tag aufnehmen. Der ADI-Wert wäre damit zu 51,34 % ausgelastet.

Für den Verzehr von Rindfleisch betrug nach den Daten der NVS II das 95. Perzentil aller Befragten für die Langzeitaufnahme 0,767 g Muskulatur pro kg KG und Tag. Somit würde ein Vielverzehrer (95. Perzentil der Gesamtbevölkerung), der ausschließlich Muskulatur konsumiert, 0,020 μg Dexamethason pro kg KG und Tag aufnehmen. Der ADI-Wert wäre zu 158,15 % ausgelastet und somit überschritten.

Diese Annahme stellt höchstwahrscheinlich eine Überschätzung dar. Dies liegt daran, dass es sich hierbei um eine *Worst-Case*-Betrachtung handelt, bei der die höchste gemessene Konzentration der gemeldeten Positivproben in Lebensmittel (31 μg/kg) und ein chronischer Verzehr zugrunde gelegt wird. Es ist auf Grund der Datenbasis jedoch nicht davon auszugehen, dass ein Verbraucher täglich Lebensmittel mit einem solchen Gehalt an Dexamethason zu sich nimmt.

In Anbetracht dieses Einzelbefundes ist hinsichtlich der chronischen Belastung ein gesundheitliches Risiko für den Verbraucher durch Rückstände von Dexamethason unwahrscheinlich.

Sonstige Stoffe mit pharmakologischer Wirkung (Gruppe B2f4):
Insgesamt wurden im Rahmen des NRKP 2013 243 Tiere auf Nikotinrückstände hin beprobt. Dabei wurden in untersuchten Masthähnchenproben in 1 von 61 Proben ein Nikotinrückstand im Muskelfleisch von 0,0017 mg/kg gemessen.

Für die toxikologische Bewertung von Nikotinrückständen wurden die Grenzwerte verwendet, die die EFSA in ihrer jüngsten Stellungnahme zu Rückständen von Nikotin in Lebensmitteln verwendet hat (EFSA 2011a):

- ADI: 0,0008 mg/kg KG und Tag
- ARfD: 0,0008 mg/kg KG und Tag.

Unter der sehr konservativen Annahme, dass alles Fleisch von Hühnern und Puten Nikotinrückstände von 0,0017 mg/kg enthält, liegt die ADI-Auslastung für die im EFSA PRIMo (EFSA 2008) enthaltenen Verzehrsdaten europäischer Konsumentengruppen auf Basis mittlerer Verzehrsmengen dennoch bei weniger als 1 % (höchste Ausschöpfung für spanische Kinder). Verwendet man die im nationalen NVS II-Modell (BfR 2012) enthaltenen Verzehrsdaten für deutsche Verbrauchergruppen auf Basis mittlerer Verzehrsmengen, entspricht der Rückstand von 0,0017 mg/kg ebenfalls weniger als 1 % des ADI-Wertes.

Der höchste Kurzzeitverzehr (large portion) von Geflügelfleisch im EFSA PRIMo (EFSA 2008) wird für deutsche Kinder im Alter von 2 bis 4 Jahren ausgewiesen, wobei die kurzzeitig, d. h. an einem Tag aufgenommene Menge bei einer Nikotinkonzentration von 0,0017 mg/kg 2 % der ARfD entspricht. Mit dem deutschen NVS II-Modell (BfR 2012) wird der gleiche Wert errechnet.

Ein akutes oder chronisches Risiko für Verbraucher durch den Verzehr des mit Nikotin belasteten Geflügelfleischs ist unwahrscheinlich.

Gruppe B 3: Andere Stoffe und Kontaminanten
Im Jahr 2013 wurden im Rahmen des NRKP insgesamt 6.778 Proben auf Umweltkontaminanten und andere Stoffe untersucht, davon wurden 318 (4,69 %) positiv getestet.

Im Rahmen des EÜP wurden im Jahr 2013 insgesamt 430 Proben von Tieren oder tierischen Erzeugnissen auf Umweltkontaminanten und andere Stoffe untersucht, davon wurden 5 Proben (1,16 %) positiv getestet.

Organische Chlorverbindungen, einschließlich PCB (Gruppe B3a)
Im Rahmen des NRKP 2013 wurden hinsichtlich der Gehalte an Dioxinen (PCDD/F) und dioxinähnlichen Polychlorierten Biphenylen (dl-PCB) in Eiern Überschreitungen der zulässigen Höchstgehalte festgestellt.

Als Grundlage einer gesundheitlichen Bewertung der Befunde wird die vom Scientific Committee on Food (SCF) in der Europäischen Union (EU) 2001 festgelegte wöchentliche tolerierbare Aufnahmemenge (TWI) für die Summe von PCDD/F und dl-PCB von 14 pg WHO-PCDD/F-PCB-TEQ pro kg KG herangezogen (SCF 2001). Der TWI-Wert gibt die tolerierbare Menge eines Stoffes an, die bei lebenslanger wöchentlicher Aufnahme keine nachteiligen Auswirkungen auf die Gesundheit beim Menschen erwarten lässt.

Es wurden 116 Eiproben auf Dioxine (WHO-PCDD/F-TEQ) sowie auf die Summe von Dioxinen und dl-PCB (WHO-PCDD/F-PCB-TEQ) untersucht. Davon überschritten 2 Proben mit jeweils 3 pg WHO-PCDD/F-TEQ/g Fett den in der Verordnung (EG) Nr. 1881/2006 der Kommission vom 19. Dezember 2006 festgelegten Höchstgehalt für Dioxine in Eiern von 2,5 pg WHO-PCDD/F-TEQ/g Fett und 2 weitere Proben mit 9 bzw. 46 pg WHO-PCDD/F-PCB-TEQ/g Fett den in der Verordnung (EG) Nr. 1881/2006 der Kommission vom 19. Dezember 2006 festgelegten Höchstgehalt für die Summe von Dioxinen und dl-PCB in Eiern von 5 pg WHO-PCDD/F-PCB-TEQ/g Fett.

Zur Berechnung eines Worst-Case-Szenarios wurde davon ausgegangen, dass ein Mensch sein Leben lang über den Verzehr von Eiern Konzentrationen an Dioxinen und dl-PCB aufnimmt, die den hier gefundenen, den Höchstgehalt überschreitenden Proben entsprechen. Nach den Daten der NVS II betrug das 95. Perzentil für die Langzeitaufnahme unter Berücksichtigung aller Befragten 0,788 g Ei pro kg KG und Tag. Der durchschnittliche Fettgehalt von Eiern beträgt ca. 11,3 % (Souci et al. 2004). Legt man diesen Wert zugrunde, so nimmt ein Mensch bei einem Verzehr von 0,788 g Ei pro kg KG und Tag 0,089 g Eifett pro kg KG und Tag auf.

Somit würde ein Vielverzehrer (95. Perzentil der Gesamtbevölkerung), der die Probe mit dem zweithöchsten hier gemessenen Gehalt an Dioxinen und dl-PCB (9 pg WHO-PCDD/F-PCB-TEQ/g Fett) verzehrt, ca. 0,8 pg WHO-PCDD/F-PCB-TEQ pro kg KG und Tag aufnehmen. Das entspricht ca. 5,6 pg WHO-PCDD/F-PCB-TEQ pro kg KG und Woche und damit einem Anteil an der Ausschöpfung des TWI-Wertes von ca. 40 %. In einer analogen Berechnung mit dem höchsten gemessenen Wert von 46 pg WHO-PCDD/F-PCB-TEQ pro g Fett ergäbe sich eine Ausschöpfung des TWI-Wertes von ca. 200 %.

Die im Rahmen des NRKP gezogenen Proben sind Einzelmessungen, die nicht durch eine repräsentative Probenahme gewonnen wurden. Die hier vorgestellte Betrachtung stellt eine *Worst-Case*-Berechnung dar. Die daraus resultierende Dioxinaufnahme des Verbrauchers wird nur in Einzelfällen auftreten. Es ist deshalb nicht zu erwarten, dass dadurch die tägliche Aufnahme an Dioxinen und dl-PCB dauerhaft erhöht wird, und dass diese einmalige, zusätzliche Aufnahme an Dioxinen und PCB zu einer gesundheitlichen Beeinträchtigung führt.

Im Rahmen des NRKP 2013 wurden verschiedene Lebensmittelproben auf Gehalte an nicht dioxinähnlichen Polychlorierten Biphenylen (ndl-PCB) untersucht. Eine gesundheitliche Bewertung von ndl-PCB kann zurzeit nicht erfolgen, da aufgrund von fehlenden Daten kein toxikologischer Referenzwert abgeleitet werden kann (EFSA 2005).

In jeweils 1 Probe von insgesamt 588 Mastschweinen (59 ng/g Fett), 14 Mastlämmern (63 ng/g Fett) sowie 176 Mastrindern (74 ng/g Fett) wurde der in der Verordnung (EG) Nr. 1881/2006 der Kommission vom 19. Dezember 2006 festgelegte Höchstgehalt für ndl-PCB von 40 ng/g Fett geringfügig überschritten.

Darüber hinaus wurde in 1 Fettprobe von insgesamt 98 Wildproben PCB 153 in Höhe von 124 µg/kg detektiert. Vergleicht man diesen Wert mit dem in der Verordnung zur Begrenzung von Kontaminanten in Lebensmitteln (Verordnung zur Begrenzung von Kontaminanten in Lebensmitteln [Kontaminanten-Verordnung – KmV]) angegeben Höchstgehalt für *„Fleischerzeugnisse ausgenommen in Abschnitt 5.1 des Anhangs der Verordnung (EG) 1881/2006 der Kommission vom 19. Dezember 2006 genannte Lebensmittel mit einem Fettgehalt von mehr als 10 %"* von 100 µg/kg, so würde dieser ebenfalls nur geringfügig überschritten.

Zusammenfassend kann festgestellt werden, dass nur sehr vereinzelte Überschreitungen der Höchstgehalte für Dioxine und PCB gefunden wurden. Aus Sicht des gesundheitlichen Verbraucherschutzes sollten allerdings auch weiterhin Anstrengungen unternommen werden, um die Gehalte an Dioxinen und PCB in (tierischen) Lebensmitteln weiter zu verringern.

Für die Bewertung von Rückständen von beta-HCH wurden die folgenden toxikologischen Grenzwerte verwendet:

- ADI[4]: 0,0005 mg/kg KG und Tag
- ARfD[5]: 0,06 mg/kg KG und Tag.

Bei insgesamt 101 Wildproben, die im Rahmen des NRKP auf beta-HCH untersucht wurden, ist in 1 Probe Wildschweinfett ein Rückstand von beta-HCH in Höhe von 0,123 mg/kg gefunden worden. Es wird angenommen, dass der Fettanteil im Wildschweinfleisch in glei-

[4] Übertragung von gamma-HCH (Lindan) unter Anwendung eines Potenzfaktors von 10 für die chronische Toxizität (ADI (Lindan): 0,005 mg/kg KG/Tag (JMPR 2002)).

[5] Übertragung von gamma-HCH (Lindan). In Bezug auf akut toxische Effekte der einzelnen HCH-Isomere ist davon auszugehen, dass gamma-HCH (Lindan) eine höhere akute Toxizität aufweist als die anderen Isomere (DfG 1982). Deshalb kann für die Bewertung des akuten Risikos von beta-HCH als „worst case" die ARfD für Lindan übernommen werden (ARfD (Lindan): 0,06 mg/kg KG (JMPR 2002)).

cher Höhe Rückstände des lipophilen beta-HCH enthält wie das in den Untersuchungen beprobte Fettgewebe selbst. Unterstellt man dabei einen Fettanteil im Wildschweinfleisch von circa 10 % (Souci et al. 2004), errechnet sich ein Rückstand von 0,0123 mg/kg für Wildschweinfleisch.

Verzehrsdaten zu Wildschweinfleisch und -fett sind im EFSA-Modell PRIMo (EFSA 2008) nicht enthalten. Die Expositionsabschätzung wurde daher näherungsweise mit den Angaben zu Produkten aus Hausschweinen durchgeführt. Dabei handelt es sich um eine sehr konservative Annahme, da der chronische Verzehr von Wildschweinerzeugnissen um ein Mehrfaches niedriger liegt als der von Hausschweinerzeugnissen. Unter Verwendung der Verzehrsdaten aus dem EFSA-Modell PRIMo für Schweinefleisch und „Schweinefett ohne mageres Fleisch" wird auf Basis mittlerer Verzehrsmengen eine Ausschöpfung des ADI-Wertes von maximal etwa 6 % errechnet (höchste Ausschöpfung ergab sich für die „WHO regional European diet"). Die ARfD wird bei Schweinefleisch und Schweinefett auf Basis von „large portion"-Daten zu weniger als 1 % ausgeschöpft. Deutsche Kinder im Alter von 2 bis 4 Jahren haben sich als die am höchsten exponierte Bevölkerungsgruppe bei Schweinefleisch erwiesen, während hinsichtlich des Verzehrs von Schweinefett litauische Erwachsene bewertungsrelevant waren.

Im NVS II-Modell (BfR 2012) sind Verzehrsmengen für Wildschweinfleisch enthalten. Mit dem aus den Befunden errechneten Rückstand von beta-HCH in Fett in Wildschweinfleisch (0,0123 mg/kg) errechnet sich auf Basis mittlerer Verzehrsmengen für die deutsche Gesamtbevölkerung (14 – 80 Jahre), die sich als die im Verhältnis zum Körpergewicht am höchsten exponierte deutsche Bevölkerungsgruppe erwiesen hat, eine chronische Aufnahmemenge, die weniger als 1 % des ADI-Wertes ausmacht. Die ARfD wird für die gleiche Konsumentengruppe auf Basis von „large portion"-Daten bei Wildschweinfleisch ebenfalls zu weniger als 1 % ausgeschöpft.

Ein akutes oder chronisches Risiko für Verbraucher durch den Verzehr des mit beta-HCH belasteten Wildschweinfetts bzw. -fleischs ist unwahrscheinlich.

Für die toxikologische Bewertung von Rückständen von Hexachlorbenzol (HCB) wurden die im folgenden genannten Grenzwerte (minimal risk levels) des US Department of Health and Human Services verwendet (US HHS 2013):

- Minimal risk level für die chronische Exposition: 0,00007 mg/kg KG und Tag (entspricht dem ADI-Wert)
- Minimal risk level für die kurzzeitige Exposition: 0,0001 mg/kg KG und Tag
- Minimal risk level für die akute Exposition: 0,008 mg/kg KG und Tag (entspricht der ARfD).

Bei insgesamt 69 im Rahmen des NRKP auf HCB untersuchten Fischproben, wurde in 1 Probe Fischfilet ein HCB-Rückstand von 0,3181 mg/kg nachgewiesen.

Die Bewertung erfolgt unter der sehr konservativen Annahme, dass alle verzehrten Fische HCB-Rückstände in der berichteten Höhe enthalten. Verzehrsdaten zu Fisch sind im EFSA PRIMo (EFSA 2008) nicht enthalten. Die Expositionsabschätzung wurde daher nur mit dem NVS II-Modell (BfR 2012) durchgeführt. Die so abgeschätzte Lang- bzw. Kurzzeitexposition deutscher Verbraucher aus dem Verzehr von Fisch auf Basis mittlerer Verzehrsmengen entspricht 161 % des minimal risk level für die chronische Exposition, sowie 113 % des minimal risk level für die kurzzeitige Exposition. Die höchste Ausschöpfung wurde für die deutsche Gesamtbevölkerung (14 – 80 Jahre) berechnet. Es ist allerdings anzumerken, dass HCB nur in einer einzigen Fischprobe gefunden wurde, und insofern tatsächlich von einer deutlich geringeren chronischen bzw. kurzzeitigen Belastung auszugehen ist, die aller Wahrscheinlichkeit deutlich unter 100 % des betreffenden Grenzwertes liegt.

Bezogen auf den höchsten Kurzzeitverzehr (large portion) von Fisch, der im NVS II-Modell berichtet ist, wird für die deutsche Gesamtbevölkerung (14 – 80 Jahre) eine ARfD-Ausschöpfung von 40 % errechnet.

Ein akutes oder chronisches Risiko für Verbraucher durch den Verzehr des mit HCB belasteten Fischfilets ist unwahrscheinlich.

Für die toxikologische Bewertung von Rückständen von *cis*-Heptachlorepoxid wurde der im Folgenden genannte Grenzwert verwendet:

- PTDI (*Provisional Tolerable Daily Intake*): 0,0001 mg/kg KG und Tag (JMPR 1994).

Bei insgesamt 69 im Rahmen des NRKP auf *cis*-Heptachlorepoxid untersuchten Fischproben, wurde in 1 Probe Fischfilet ein *cis*-Heptachlorepoxid-Rückstand von 0,0152 mg/kg nachgewiesen.

Die Bewertung erfolgt unter der sehr konservativen Annahme, dass alle verzehrten Fische *cis*-Heptachlorepoxid-Rückstände in der berichteten Höhe enthalten. Verzehrsdaten zu Fisch sind im EFSA PRIMo (EFSA 2008) nicht enthalten. Die Expositionsabschätzung wurde daher nur mit dem NVS II-Modell (BfR 2012) durchgeführt.

Unterstellt man, dass alle Süßwasserfische Rückstände von 0,0152 mg *cis*-Heptachlorepoxid pro kg enthalten würden, so würde bei 2 – 4 jährigen Kindern eine Ausschöpfung des PTDI-Wertes von ca. 0,5 % erreicht, bei Meeresfischen von ca. 5 % (jeweils auf Basis individueller Verzehrsmengen in Relation zum spezifischen Körpergewicht).

Die Ausschöpfung bei 14 – 80 jährigen Personen bewegt sich in einem ähnlichen Bereich von 0,5 % PTDI für

Süßwasserfischverzehr und 4,9 % für Meeresfischverzehr (ebenfalls auf Basis individueller Verzehrsmengen in Relation zum spezifischen Körpergewicht).

Verwendet man den PTDI-Wert als toxikologischen Endpunkt auch für eine akute Risikobewertung der Probe (sehr konservative Annahme) so würde dieser Wert bei Kindern im Falle des Verzehrs einer „large portion" von Süßwasserfisch mit ca. 372 % und bei Meeresfischen mit 234 % ausgeschöpft. Für Erwachsene (im Alter von 14 – 80 Jahren) liegen Verzehrsdaten differenziert nach verarbeitetem bzw. roh verzehrtem Fisch vor. Die entsprechenden Ausschöpfungsraten des PTDI-Wertes liegen für zubereitetem Süßwasser- bzw. Meeresfisch bei 154 % und 121 %; der Verzehr in rohem Zustand entspricht 28 % und 50 %.

Auf Basis der zur Verfügung stehenden Daten ist ein akutes Risiko bei Kindern und Erwachsenen beim Verzehr des mit *cis*-Heptachlorepoxid belasteten Fischfilets (Gehalt von 0,0152 mg/kg) nicht auszuschließen, wobei die Berechnung eine sehr konservative Annahme darstellt, da das akute Risiko mit dem Grenzwert für die Langzeitexposition berechnet wurde. Ein akuter Referenzwert konnte anhand des unvollständigen Datensatzes nicht abgeleitet werden.

Ein chronisches Risiko für Verbraucher durch den Verzehr des mit *cis*-Heptachlorepoxid belasteten Fischfilets kann dagegen ausgeschlossen werden.

Zur toxikologischen Bewertung der DDT-Rückstände wurden die folgenden Grenzwerte der WHO verwendet (JMPR 2000):

- TDI: 0,01 mg/kg KG und Tag (Summengrenzwert von DDT, DDD und DDE)
- ARfD: nicht erforderlich.

Von insgesamt 100 im Rahmen des NRKP auf DDT untersuchten Wildproben wurde in 15 Proben Wildschweinfett DDT (Summe aus DDT, DDE und DDD, berechnet als DDT) nachgewiesen und zwar in Konzentrationen von 0,058 bis 1,21 mg/kg. Es wird angenommen, dass der Fettanteil im Wildschweinfleisch in gleicher Höhe Rückstände des lipophilen DDT enthält wie das in den Untersuchungen beprobte Fettgewebe selbst. Unterstellt man dabei einen Fettanteil im Wildschweinfleisch von circa 10 % (Souci et al. 2004), errechnet sich aus dem höchsten Gesamt-DDT-Rückstand von 1,21 mg/kg in Wildschweinfett ein Rückstand von 0,121 mg/kg für Wildschweinfleisch.

Verzehrsdaten zu Wildschweinfleisch und -fett sind im EFSA PRIMo (EFSA 2008) nicht enthalten. Die Expositionsabschätzung wurde daher näherungsweise mit den Angaben zu Produkten aus Hausschweinen durchgeführt. Dabei handelt es sich um eine sehr konservative Annahme, da der chronische Verzehr von Wildschweinerzeugnissen um ein Mehrfaches niedriger liegt als der von Hausschweinerzeugnissen. Die so abgeschätzte Langzeitexposition europäischer Konsumenten aus dem Verzehr von Wildschwein-Erzeugnissen auf Basis mittlerer Verzehrsmengen entspricht bis zu 3 % des TDI-Wertes. Die höchste Ausschöpfung wurde für die „WHO regional European diet" berechnet. Dabei entfielen 1,5 % auf „Fett ohne mageres Fleisch" und 1,5 % auf „Fleisch".

Im NVS II-Modell (BfR 2012) sind Verzehrsmengen für Wildschweinfleisch enthalten. Mit dem aus den Befunden in Fett errechneten Rückstand von DDT in Wildschweinfleisch (0,121 mg/kg) errechnet sich auf Basis mittlerer Verzehrsmengen für die deutsche Gesamtbevölkerung (14 – 80 Jahre), die sich als die im Verhältnis zum Körpergewicht am höchsten exponierte deutsche Bevölkerungsgruppe erwiesen hat, eine chronische Aufnahmemenge, die weniger als 1 % des TDI-Wertes ausmacht.

Ein chronisches Risiko für Verbraucher durch den Verzehr der mit DDT belasteten Wildschweinprodukte ist unwahrscheinlich. Da DDT nicht akut toxisch wirkt, gilt diese Einschätzung entsprechend auch für eine kurzzeitige Exposition.

Bei insgesamt 69 auf DDT untersuchten Fischproben wurde in 1 Probe Fischfilet DDT (Summe aus DDT, DDE und DDD, berechnet als DDT) in einer Konzentration von 1,972 mg/kg nachgewiesen. Der Summenwert wurde weiter spezifiziert hinsichtlich des Einzelanteils von pp-DDE (0,5637 mg/kg) und pp-DDD (0,8612 mg/kg).

Die Bewertung erfolgt unter der sehr konservativen Annahme, dass alle verzehrten Fische DDT-Rückstände in der berichteten Höhe enthalten. Verzehrsdaten zu Fisch sind im EFSA PRIMo (EFSA 2008) nicht enthalten. Die Expositionsabschätzung wurde daher nur mit dem NVS II-Modell (BfR 2012) durchgeführt. Die so abgeschätzte Langzeitexposition deutscher Verbraucher aus dem Verzehr von Fisch auf Basis mittlerer Verzehrsmengen entspricht 7 % des TDI-Wertes. Die höchste Ausschöpfung wurde für die deutsche Gesamtbevölkerung (14 – 80 Jahre) berechnet.

Ein chronisches Risiko für Verbraucher durch den Verzehr des mit DDT belasteten Fischfilets ist unwahrscheinlich. Da DDT nicht akut toxisch wirkt, gilt diese Einschätzung entsprechend auch für eine kurzzeitige Exposition.

Chemische Elemente (Gruppe B3c)

Bei Höchstgehaltsregelungen für chemische Elemente, z. B. Schwermetalle in Futter- und Lebensmitteln, steht nicht die akute Vergiftungsgefahr als Gefährdungspotenzial im Mittelpunkt der Betrachtung, sondern vielmehr die tägliche Aufnahme geringer Dosen über vergleichsweise lange Zeiträume. Als Maßnahmen für den gesundheitlichen Verbraucherschutz leiten sich daraus neben der Festsetzung von Höchstgehalten die Einhaltung von Qualitätsparametern bei Produktion, Transport, Lagerung und Weiterverarbeitung sowie die Aufklärung des

Verbrauchers ab. Das Ziel besteht darin, eine Senkung der Schwermetallgehalte in Futter- und Lebensmitteln auf das niedrigste, technisch erreichbare Niveau zu erzielen. Da ein vollständiger Schutz vor schädlichen Einflüssen durch die Aufnahme von Cadmium, Blei und Quecksilber über Lebensmittel tierischen Ursprungs nicht möglich ist, muss das verbleibende gesundheitliche Restrisiko minimiert werden.

Element Cadmium

Im Rahmen des NRKP wurden im Jahre 2013 insgesamt 2.201 Proben auf Cadmium untersucht, wovon 25 (1,1 %) über dem gesetzlichen Höchstgehalt lagen.

Von den insgesamt 183 auf Cadmium untersuchten Proben, die von Erzeugnissen tierischen Ursprungs aus Drittstaaten stammen (EÜP), wurde keine Probe positiv getestet.

Die toxikologische Bewertung von Cadmiumgehalten beruht auf dem von der EFSA im Jahre 2009 abgeleiteten Wert für die tolerierbare Aufnahmemenge von in Lebensmitteln enthaltenem Cadmium (EFSA 2009). Diese hatte den bisher für eine gesundheitliche Bewertung herangezogenen Grenzwert für die tolerierbare wöchentliche Aufnahmemenge (TWI, *Tolerable Weekly Intake*) in Höhe von 7 µg/kg KG unter Berücksichtigung neuer Daten überprüft und als Ergebnis den TWI-Wert auf einen Wert von 2,5 µg/kg KG gesenkt.

Eine periodisch vorgenommene Neubewertung gesundheitsbezogener Grenzwerte ist üblich und spiegelt Fortschritte in der Toxikologie wider. Kurze Zeit nach der Festlegung des neuen Wertes für den TWI durch die EFSA veröffentlichte der Gemeinsame FAO/WHO-Sachverständigenausschuss für Lebensmittelzusatzstoffe (JECFA; Joint FAO/WHO Expert Commitee on Food Additives) ebenfalls Ergebnisse einer Neubewertung des bisher für die gesundheitliche Bewertung herangezogenen Grenzwertes (TWI) für Cadmium in Höhe von 7 µg/kg KG und Woche. Die Kalkulationen des JECFA resultierten in einem TWI-Wert von 5,8 µg/kg KG (FAO/WHO 2011a).

Bemerkenswert bei diesem Vorgang ist, dass die Neubewertung des TWI-Wertes durch die EFSA -mit Ausnahme einer wissenschaftlichen Studie - auf der gleichen Datenbasis beruhte, die auch für die Bewertung der JECFA herangezogen worden war. Ursächlich lässt sich die Diskrepanz zwischen dem Wert der EFSA und demjenigen der JECFA darauf zurückführen, dass die einzelnen Studien im Rahmen der jeweils vorgenommenen Metaanalyse unterschiedlich gewichtet worden sind. Darüber hinaus wurde von der EFSA ein anderes (neueres, moderneres) mathematisch-statistisches Modell zur Kalkulation des TWI-Wertes angewendet. Im Ergebnis bedeutet dies, dass für das Schwermetall Cadmium zwei unterschiedliche gesundheitsbezogene Grenzwerte parallel existieren: 2,5 µg/kg KG pro Woche (EFSA) und 5,8 µg/kg KG und Woche (JECFA).

Gesundheitsbezogene Grenzwerte sind keine Höchstgehalte im rechtlichen Sinne und werden folglich nicht in Gesetzen oder Verordnungen niedergelegt. Es handelt sich vielmehr um toxikologisch begründete Expositionsgrenzwerte, die von internationalen wissenschaftlichen Gremien abgeleitet werden. Damit 95 % der Bevölkerung mit Erreichen des 50. Lebensjahres unterhalb eines als kritisch eingeschätzten Wertes von 1 µg Cadmium pro 1 g Creatinin (im Urin) bleiben, sollte nach Auffassung der EFSA die tägliche Cadmiumaufnahme nicht über 0,36 µg/kg KG liegen, was einer wöchentlichen Aufnahme von Cadmium mit der Nahrung von 2,52 µg/kg KG entspricht. Bei der folgenden gesundheitlichen Bewertung wird der TWI-Wert der EFSA in Höhe von 2,5 µg/kg KG verwendet.

Im Rahmen des NRKP wurden die Proben von insgesamt 29 Kälbern, 186 Mastrindern und 103 Kühen auf Cadmium untersucht. Von den untersuchten Proben von Kälbern lag keine über dem zulässigen Höchstgehalt. Bei den Proben von Rindern lagen insgesamt 5 Nierenproben (2,7 %), mit einem durchschnittlichen Cadmiumgehalt von 1,5 mg/kg über dem Höchstgehalt. Von den 103 untersuchten Kühen wurde in 3 Nierenproben und in 1 Leberprobe eine Überschreitung des Höchstgehalts festgestellt (3,9 %). Der durchschnittliche Cadmiumgehalt betrug bei diesen Proben 1,98 mg/kg (Niere) bzw. 0,598 mg/kg (Leber).

Rindernieren gehören zu den selten verzehrten Lebensmitteln. Der Anteil der Verzehrer liegt bei unter 1 %. Deshalb wird im Folgenden mit den Verzehrsmengen der Verzehrer gerechnet (DISHES, nur Verzehrer); diese Verzehrsmengen entsprechen jedoch nicht dem Durchschnittsverzehr der Bevölkerung. Der Mittelwert des Verzehrs (nur Verzehrer) liegt demnach bei 0,056 g/kg KG und Tag. Dies ergibt einen mittleren wöchentlichen Verzehr von 0,392 g/kg KG und Woche.

Bei einem mittleren wöchentlichen Verzehr von 0,392 g Rinderniere (DISHES, nur Verzehrer) pro kg KG, mit dem höchsten bei Rindernieren ermittelten Cadmium-Gehalt von 2,5 mg Cadmium pro kg Niere (Frischgewicht), errechnet sich eine wöchentliche Gesamtaufnahme von 0,98 µg Cadmium pro kg KG. Dies entspricht einer Ausschöpfung des PTWI-Wertes (2,5 µg/kg KG) zu 39,2 %.

Das 95. Perzentil des Verzehrs von Rinderniere (nur Verzehrer) liegt bei 0,082 g/kg KG und Tag; dies entspricht einer wöchentlichen Verzehrsmenge von 0,574 g für die Vielverzehrer von Rinderniere. Ausgehend von der wöchentlichen Verzehrsmenge von Vielverzehrern (0,574 g/kg KG) und unter der Annahme, dass die verzehrten Nieren kontinuierlich mit dem höchsten ermittelten Cadmiumgehalt von 2,5 mg Cadmium pro kg Niere (Frischgewicht) kontaminiert wären (Worst-Case-Szenario), ergibt sich eine PTWI-Ausschöpfung von 57,4 %.

Da unter den Proben der insgesamt 186 Mastrinder und 103 Kühe nur 8 Nierenproben Cadmiumgehalte oberhalb des zulässigen Höchstgehaltes von 1 mg/kg Frischgewicht aufwiesen, von denen wiederum nur 2 Proben mehr als 2 mg/kg Cadmium enthielten, ist das Auftreten einer gesundheitlichen Beeinträchtigung auch für den kleinen Teil der Bevölkerung, der sowohl regelmäßig als auch in hohen Maßen Rinderniere verzehrt, als unwahrscheinlich einzuschätzen. Zusätzlich ist anzumerken, dass die Probenahme im Rahmen des Rückstandskontrollplans risikoorientiert und daher nicht repräsentativ erfolgt, sodass davon auszugehen ist, dass die errechnete Expositionsschätzung eine Überschätzung der tatsächlichen Belastung darstellt.

Der mittlere wöchentliche Verzehr von Rinderleber wird laut NVS II (DISHES, alle Befragte) für Vielverzehrer (95. Perzentil des Verzehrs) mit 0,119 g angenommen. Beim Verzehr von 0,119 g Rinderleber mit einem Gehalt von 0,598 mg Cadmium pro kg Leber-Frischgewicht würde ein Verbraucher 0,071 µg Cadmium pro Woche aufnehmen und damit den PTWI-Wert zu 2,85 % ausschöpfen.

Im Rahmen des NRKP wurden 1.433 Proben von Schweinen auf Cadmium untersucht. Im Zuge des Einfuhrüberwachungsplanes 2013 wurde lediglich 1 Probe von Schweinen untersucht. Insgesamt wiesen 8 Proben von Nieren (0,6 %) Cadmiumgehalte zwischen 1,02 mg/kg und 1,44 mg/kg auf und lagen damit oberhalb des zulässigen Höchstgehaltes von 1,0 mg/kg Frischgewicht für Nieren.

Es ist anzunehmen, dass es sich bei dem ermittelten Maximalwert von 1,44 mg Cadmium pro kg Frischgewicht in der Niere entweder um die Probe eines vergleichsweise alten Tieres gehandelt haben muss und/oder um ein Schwein, welches einer ungewöhnlich hohen Cadmiumaufnahme über das Futter ausgesetzt war.

Innereien von Säugetieren, wozu auch Schweinenieren zählen, werden generell nur sehr selten verzehrt. Die Schätzungen des üblichen Verzehrs an Schweinenieren auf Basis der NVS II-Daten sind sehr unsicher und können für den üblichen Verzehrer zu einer Überschätzung oder aber für spezielle Bevölkerungsgruppen mit regelmäßigem Verzehr zu einer Unterschätzung der tatsächlichen Cadmiumbelastung führen. Im Folgenden wurde mit den Verzehrsmengen der Verzehrer gerechnet (DISHES, nur Verzehrer); die Werte entsprechen nicht dem Durchschnittsverzehr der Gesamtbevölkerung.

Die mittlere Verzehrsmenge der Verzehrer von Schweinenieren (Verzehreranteil 3 %) liegt nach der NVS II bei wöchentlich 0,112 g/kg KG. Ausgehend vom maximal nachgewiesenen Cadmiumgehalt von 1,44 mg/kg Schweineniere würde der Verbraucher wöchentlich 0,16 µg Cadmium pro kg KG aufnehmen, was eine PTWI-Ausschöpfung von 6,4 % zur Folge hätte. Für einen Vielverzehrer von Schweinenieren mit einem täglichen Verzehr von 0,068 g/kg KG (95. Perzentil nach der NVS II; DISHES, nur Verzehrer) – entspricht einem wöchentlichen Verzehr 0,476 g/kg KG – läge die Ausschöpfung des PTWI-Wertes bei 27,2 %.

Im Zuge des NRKP wurden 44 Proben von Schafen und Ziegen auf Umweltkontaminanten untersucht, wovon insgesamt 3 Proben oberhalb des zulässigen Höchstgehaltes von 1,0 mg/kg Frischgewicht lagen (6,8 %). Davon wiesen die Nierenproben zweier Mastlämmer einen Cadmiumgehalt von 1,74 bzw. 4,62 mg/kg auf. Die Leberprobe eines Mastlamms enthielt 0,72 mg Cadmium/kg Leber-Frischmasse.

Die Niere von Schafen gehört zu den selten verzehrten Lebensmitteln. Da für Nieren vom Schaf keine Daten für Verzehrer vorliegen, wurde in den folgenden Berechnungen auf die Obergruppe „Niere von Säugern" zurückgegriffen. Laut NVSII (DISHES, nur Verzehrer) beträgt der Verzehr von Säugerniere im Mittel 0,019 g/kg KG und Tag). Bei einem wöchentlichen Schafnieren-Verzehr von 0,133 g/kg KG, würde der Verbraucher ausgehend von dem maximal nachgewiesenen Cadmiumgehalt von 4,62 mg/kg wöchentlich 0,61 µg Cadmium pro kg KG aufnehmen, entsprechend einer Ausschöpfung des PTWI-Wertes von 24,6 %.

Die PTWI-Auslastung bei durchschnittlichem Verzehr von Schafleber (0,644 g/Woche) mit einem Cadmiumgehalt von 0,72 mg/kg liegt bei 18,5 %.

Wiederkäuer und Pferde nehmen während ihrer gesamten Lebensdauer Cadmium sowohl mit dem Grundfutter (Weidegras/Heu, Silagen) als auch über die direkte Aufnahme von Bodenpartikeln auf. In bestimmten Regionen kann dies zu einer unerwünschten Cadmiumakkumulation in den Nieren führen. Bei allen lebensmittelliefernden Tieren sind die Nieren dasjenige Organ, in dem die Akkumulation von Cadmium zuerst Gehalte erreicht, die die zulässigen Höchstgehalte für Kontaminanten in Lebensmitteln überschreiten.

Aus dem Expositionsszenario lässt sich ableiten, dass aus dem gelegentlichen Verzehr von Schlachtnebenprodukten, insbesondere von Nieren, welche Gehalte an Umweltkontaminanten wie Cadmium, Quecksilber oder Blei aufweisen, die die lebensmittelrechtlich zulässigen Höchstgehalte maßvoll überschreiten, ein unmittelbares gesundheitliches Risiko für den Verbraucher nicht resultiert. Dennoch sollten Verbraucher wegen der Bioakkumulation einiger Schwermetalle im Organismus des Menschen grundsätzlich so wenig Cadmium wie möglich mit der Nahrung aufnehmen.

Bei 6 von 8 (75,0 %) im Zuge des NRKP untersuchten Proben von Pferden wurden Cadmiumgehalte in Lebern nachgewiesen, die über dem zulässigen Höchstgehalt von 0,5 mg/kg lagen. Bei ihnen wurden Werte zwischen 0,80 mg/kg und 11,5 mg/kg festgestellt. Des Weiteren ergab die Probenentnahme 3 weitere positive Befunde von Pferdenieren, die mit Werten von 18,5 mg/kg bis 63,4 mg/kg über dem zulässigen Höchstgehalt lagen.

Der Cadmiumgehalt in der Muskulatur eines Pferdes lag bei 0,29 mg/kg (Höchstgehalt: 0,2 mg/kg).

Pferde nehmen Cadmium ebenso wie die anderen landwirtschaftlichen Nutztiere vor allem mit dem Futter auf. Da sie meist mit Grundfuttermitteln (Heu/Stroh) gefüttert werden, die am Standort bzw. in der Region erzeugt wurden, kommt dem Cadmiumgehalt in den einzelnen Organen bzw. Körpergeweben eine Indikatorfunktion zu.

Untersuchungen zum stoffwechselkinetischen Verhalten sowie kontrollierte Fütterungsversuche, mit Hilfe derer Dosis-Wirkungs-Beziehungen hinsichtlich der Cadmium-Akkumulation in Leber und Niere hergeleitet werden können, fehlen weitgehend.

Das Stoffwechselverhalten von Cadmium bei Pferden unterscheidet sich von dem der anderen landwirtschaftlichen Nutztiere. Verglichen mit Gehaltswerten von Wiederkäuern und Schweinen zeigen Untersuchungen an Schlachtpferden, dass die Cadmiumgehalte in Niere, Leber und Muskulatur oftmals auf einem wesentlich höheren Niveau liegen. Pferde scheinen über ein ausgeprägtes Anreicherungsvermögen für Cadmium zu verfügen, das sich nicht allein durch eine altersbedingte Akkumulation oder durch Unterschiede in Fütterung und Haltung erklären lässt (Schenkel 1990).

Der Anteil derjenigen Verbraucher, die Lebensmittel verzehren, die Pferdefleisch enthalten, ist in Deutschland sehr gering und liegt unter 1 % der gesamten Bevölkerung.

Bei einem mittleren Verzehr (bezogen auf die Verzehrer) von 0,088 g Pferdefleisch pro kg KG und Tag lässt sich für diese Verbrauchergruppe eine wöchentliche Cadmium-Aufnahme infolge des Verzehrs von Pferdefleisch mit einem Cadmiumgehalt von 0,46 mg/kg eine Aufnahme von 0,18 µg Cadmium pro kg KG kalkulieren (Worst Case-Annahmen). Dies entspräche einer Ausschöpfung des PTWI-Wertes von 7,2 %. Leber und Nieren von Pferden werden von Verbrauchern in Deutschland nach Untersuchungen im Rahmen der NVS II nicht verzehrt. Daher haben die festgestellten Höchstgehaltsüberschreitungen der beprobten Lebern und Nieren keine Bedeutung in Bezug auf die Lebensmittelsicherheit für Verbraucher in Deutschland.

Sowohl im Rahmen des NRKP als auch des EÜP wurden bei den Proben von Kaninchen, Wild, diversen Geflügelarten, Aquakulturen wie Forellen und Karpfen und in den tierischen Lebensmitteln Milch und Honig keine Höchstgehaltsüberschreitungen nachgewiesen.

Ein gesundheitliches Risiko durch die Aufnahme von Cadmium für den Verbraucher mit durchschnittlichem Verzehr und hohem Verzehr ist bei den o. g. Befunden unwahrscheinlich.

Element Blei

Im Jahr 2013 wurden im Rahmen des NRKP 2.201 Proben auf Blei analysiert, wovon 5 Proben über dem gesetzlichen Höchstgehalt lagen (0,2 %). Von den insgesamt 183 auf Blei untersuchten Proben, die von Erzeugnissen tierischen Ursprungs aus Drittstaaten stammen, wurde keine Probe positiv getestet.

Der über Jahrzehnte zur toxikologischen Bewertung herangezogene PTWI-Wert für Blei von 25 µg/kg KG und Woche wurde im Jahr 2010 von der EFSA ausgesetzt. Der Wert wurde als nicht mehr angemessen angesehen, um den Verbraucher ausreichend vor der Bleiexposition über Lebensmittel zu schützen. Die EFSA kam zu dem Schluss, dass für Blei keine Wirkungsschwelle vorhanden ist, d. h. es kann für Blei keine Aufnahmemenge abgeleitet werden, die als unbedenklich gilt. Von der EFSA wurden 3 empfindliche Endpunkte identifiziert. Für Kinder steht die Toxizität bezüglich der Entwicklung des Nervensystems (Neurotoxizität) im Vordergrund. Bei Erwachsenen sind eine mögliche Nierenschädigung sowie Herz-Kreislauf-Effekte die relevanten toxikologischen Endpunkte. Für jeden dieser Endpunkte wurde ein Referenzbereich der Blutbleigehalte abgeleitet, bei dessen Überschreitung gesundheitliche Effekte nicht ausgeschlossen werden können (EFSA 2010).

Von den im Rahmen des NRKP insgesamt 289 auf Blei untersuchten Proben von Mastrindern und Kühen wies lediglich 1 beprobte Leber eines Mastrindes und 1 beprobte Niere einer Kuh eine Überschreitung des Höchstgehaltes für Nebenprodukte der Schlachtung von Rindern laut Verordnung (EG) Nr. 1881/2006 der Kommission vom 19. Dezember 2006 (0,50 mg/kg Frischgewicht) auf. Der gemessene Wert betrug in der Leber 0,72 mg/kg und in der Niere 0,82 mg/kg.

Darüber hinaus konnte in 3 Proben von Zuchtschweinen (2 Nieren- und 1 Leberprobe) aus insgesamt 1.433 untersuchten Proben (0,2 %) eine Überschreitung des Höchstgehaltes festgestellt werden. Die Nierenproben wiesen Bleigehalte von 0,55 und 0,79 mg/kg auf, die Leberprobe enthielt 0,58 mg/kg Blei.

Blei weist eine ausgeprägte dosis- und altersabhängige Akkumulation in einzelnen Organen bzw. Schlachtnebenprodukten auf. Beim Wiederkäuer kann Blei sowohl in Nieren- und Lebergewebe als auch im Knochengewebe akkumulieren und dort zu messbaren Gehalten führen.

Das Alter der untersuchten Tiere wurde nicht berichtet. Nach den Grundsätzen der Probenplanung des NRKP sollte die Hälfte der Proben von Rindern, Schafen und Schweinen bei über 2 Jahre alten Tieren entnommen werden. Die Aufnahme von Blei ist bei Nutztieren hauptsächlich auf die Zufuhr über das Futter bzw. Tränkwasser zurückzuführen. So nimmt die Exposition der Tiere gegenüber Blei insbesondere dann zu, wenn (Grund- bzw. Halm-) Futtermittel bedeutende Mengen bleihaltiger Erde enthalten. Rinder und Schafe gelten als empfindlichste Tierarten gegenüber den toxischen Wirkungen von Blei.

Element Quecksilber

Quecksilber ist eine Umweltkontaminante, die in verschiedenen chemischen Formen vorkommt. Die unterschiedlichen Bindungsformen unterscheiden sich sowohl hinsichtlich ihres stoffwechselkinetischen Verhaltens als auch hinsichtlich ihrer toxischen Wirkung. Anorganische Quecksilberverbindungen in Lebensmitteln sind weitaus weniger toxisch als organisches Methylquecksilber, das vor allem in Fischen und Meeresfrüchten enthalten sein kann.

Für Cadmium, Blei und Quecksilber existieren europaweit verbindliche Höchstgehalte für verschiedene Lebensmittel, die zusammen mit Höchstgehalten anderer Kontaminanten in der Verordnung (EG) Nr. 1881/2006 der Kommission vom 19. Dezember 2006 festgelegt sind. Für Quecksilber sind darin allerdings lediglich Höchstgehalte für Fisch und Fischereierzeugnisse aufgeführt. In der Verordnung (EG) Nr. 396/2005 über Höchstgehalte für Pestizidrückstände in oder auf Lebens- und Futtermitteln pflanzlichen und tierischen Ursprungs ist für Quecksilber – auch für tierische Lebensmittel wie Fleisch und Innereien – ein Höchstgehalt von 0,01 mg/kg festgelegt.

Für anorganisches Quecksilber in anderen Lebensmitteln als Fisch hat die Gemeinsame Expertenkommission für Lebensmittelzusatzstoffe der Ernährungs- und Landwirtschaftsorganisation der Vereinten Nationen FAO und der Weltgesundheitsorganisation WHO (JECFA; Joint FAO/WHO Expert Committee on Food Additives) einen TWI-Wert für den Menschen von 4,0 µg/kg KG abgeleitet (FAO/WHO 2011c), die mit dem vom Wissenschaftlichen Gremium der EFSA für Kontaminanten in der Lebensmittelkette abgeleiteten TWI-Wert für anorganisches Quecksilber übereinstimmt. Für die am häufigsten in Fisch und Meeresfrüchten vorkommende organische Form von Quecksilber – Methylquecksilber – schlug das EFSA Gremium einen TWI-Wert von 1,3 µg/kg KG vor, der niedriger als der von der JECFA festgelegte Höchstgehalt von 1,6 µg/kg KG ist.

Im Jahr 2013 wurden im Rahmen des NRKP insgesamt 2.159 Proben auf Quecksilber analysiert; davon waren 153 positiv (7,1 %). Von den insgesamt 191 auf Quecksilber untersuchten Proben, die von Erzeugnissen tierischen Ursprungs aus Drittstaaten stammen, wurden 5 Proben positiv getestet (3 %).

Von insgesamt 1.433 untersuchten NRKP-Proben von Schweinen wiesen 95 Nierenproben (6,6 %) Quecksilbergehalte von 0,01 mg/kg bis 0,54 mg/kg auf. In 17 Leberproben (1,2 %) wurden Cadmiumgehalte oberhalb des gesetzlichen Höchstgehaltes zwischen 0,01 mg/kg bis 0,063 mg/kg gemessen.

Bei 11 von 186 untersuchten Mastrindern (5,9 %) und 8 von 103 Kühen (7,8 %) wurden in der Niere Quecksilbergehalte nachgewiesen, deren Werte geringfügig über dem zulässigen Höchstgehalt von 0,01 mg/kg lagen. Der maximal gemessene Gehalt für Quecksilber in der Niere lag bei 0,08 mg/kg. Die Leberprobe eines Mastrindes wies eine Höchstgehaltsüberschreitung auf mit einem Gehalt von 0,019 mg/kg Quecksilber.

Bei den 29 untersuchten Kälbern kam es zu keinen Überschreitungen des Höchstgehalts.

Bei den im Zuge des NRKP untersuchten 44 Proben von Schafen/Ziegen wiesen 4 Proben von Nieren (9,1 %) von Mastlämmern Quecksilbergehalte zwischen 0,02 und 0,11 mg/kg und 3 Proben von Lebern (6,8 %) von Mastlämmern Quecksilbergehalte von 0,01 bzw. 0,03 mg/kg eine Überschreitungen des Höchstgehaltes für Quecksilber von 0,01 mg/kg in diesen Organen auf.

Von insgesamt 95 untersuchten NRKP-Proben von Wildtieren lagen die Gehalte in Lebern bei 25 Wildschweinen (26,3 %) in einem Bereich von 0,01 mg/kg bis 0,13 mg/kg sowie die Gehalte in Nieren von 23 Wildschweinen (24,2 %) in einem Bereich von 0,05 mg/kg bis 0,28 mg/kg. Darüber hinaus wies 1 Probe aus der Muskulatur eines Wildschweines einen Quecksilbergehalt über dem Höchstgehalt von 0,01 mg/kg auf (0,017 mg/kg).

Des Weiteren traten Höchstgehaltsüberschreitungen bei Lebern und Nieren von Pferden auf. So lagen in 3 von insgesamt 8 untersuchten NRKP-Proben (37,5 %) die Quecksilbergehalte in den Nieren von Pferden in einem Bereich von 0,02 mg/kg bis 0,18 mg/kg. In der Leber eines Pferdes wurde ein Quecksilbergehalt von 0,02 mg/kg gemessen, der damit oberhalb des zulässigen Höchstgehalts von 0,01 mg/kg lag.

Unter den Geflügelarten lagen von 27 im Rahmen des EÜP untersuchten Proben von Masthühnern 2 Proben aus der Muskulatur der Tiere (7,4 %) mit Quecksilbergehalten zwischen 0,016 und 0,018 mg/kg oberhalb des gesetzlich zulässigen Höchstgehaltes. Die im Zuge des NRKP insgesamt 90 untersuchten Masthähnchenproben waren genau wie die übrigen Geflügelartenproben (Lege- und Suppenhühner, Truthühner und sonstiges Geflügel) allesamt unterhalb des gesetzlichen Höchstgehaltes.

Bei 3 von insgesamt 146 (2,0 %) im Rahmen des EÜP untersuchten nicht näher bestimmten Fisch- und Krustentierarten lagen die Quecksilbergehalte im Muskelfleisch über dem zulässigen Höchstgehalt für Quecksilber von 0,5 mg/kg (Verordnung (EG) Nr. 1881/2006). Die gemessenen Werte lagen in einem Bereich von 0,80 bis 1,30 mg/kg. Die insgesamt 51 von Aquakulturen stammenden Fischartenproben, die im Rahmen des NRKP untersucht wurden, wiesen keine Höchstgehaltsüberschreitung auf.

Im Zuge einer modellhaften Kalkulation ergibt sich aus dem maximal analysierten Quecksilbergehalt in der Niere eines Schweines in Höhe von 0,543 mg/kg und der mittleren wöchentlichen Verzehrsmenge an Nieren von 0,112 g Niere pro kg KG ergibt eine modellhafte Kalkulation eine mittlere wöchentliche Quecksilberaufnahme von 0,061 µg/kg KG. Dieser Wert entspricht einer Ausschöpfung des TWI (4 µg/kg KG) von 1,5 %.

Der mittlere wöchentliche Verzehr von Schweineleber wird laut NVS II (NVS II, DISHES, alle Befragte) für Vielverzehrer mit 0,525 g angenommen. Beim Verzehr von 0,525 g Schweineleber mit einem Gehalt von 0,063 mg Quecksilber pro kg Leber-Frischgewicht würde ein Verbraucher 0,03 µg Quecksilber pro kg KG und Woche aufnehmen und damit die duldbare wöchentliche Aufnahmemenge (PTWI) zu 0,8 % ausschöpfen.

In Analogie zu den Befunden bei Schweinen würde sich für den Vielverzehrer (0,082 g/kg KG und Tag) aus dem maximal bei Rindern analysierten Quecksilbergehalt in der Niere (0,076 mg/kg) eine Ausschöpfung des TWI-Wertes von 1,1 % ergeben. Ausgehend von der Höchstgehaltsüberschreitung der Positivprobe aus der Leber eines Rindes (0,019 mg/kg) unter der Annahme eines Vielverzehrers (0,017 g/kg KG und Tag, NVS II, DISHES, alle Befragte) ergibt sich eine Ausschöpfung des TWI-Wertes von 0,06 %.

Auf Grund der Tatsache, dass im Organismus die Quecksilbergehalte in der Muskulatur immer deutlich unter denjenigen in Leber und Niere liegen, ist beim Verzehr von Rindfleisch und Rindfleischprodukten ein gesundheitliches Risiko infolge der Aufnahme von Quecksilber nicht zu erwarten.

Die Bedingungen für die gesundheitliche Bewertung der Gehalte an Quecksilber in Schlachtnebenprodukten von Mastrindern und Kühen entsprechen im Wesentlichen den Bedingungen bei Mastschweinen. In Analogie zu der gesundheitlichen Bewertung von Quecksilber in verzehrbaren Geweben von Rindern sind gesundheitliche Beeinträchtigungen durch die Aufnahme von Quecksilber beim Verzehr der untersuchten Organe und Körpergewebe von Mastschweinen ebenfalls unwahrscheinlich.

Ausführungen und Schlussfolgerungen, wie sie bei der gesundheitlichen Bewertung des Cadmiums, insbesondere im Zusammenhang mit den Problemfeldern Expositionsschätzung und Ermittlung von Verzehrsdaten, von selten verzehrten Lebensmitteln vorgenommen wurden, können auf die Aufnahme von Quecksilber beim Verzehr von Geweben und Organen von Schweinen sowie allen anderen lebensmittelliefernden Säugern und Vögeln übertragen werden.

Element Kupfer

Die Rückstandshöchstgehalte für Kupfer in Lebensmitteln tierischer Herkunft sind in der Verordnung (EG) Nr. 149/2008 der Kommission vom 29. Januar 2008 zur Änderung der Verordnung (EG) Nr. 396/2005 des Europäischen Parlaments und des Rates vom 23. Februar 2005 festgelegt. Die Thematik „Kupfer in Rinderleber“ steht schon seit einiger Zeit auf der Agenda verschiedenster Gremien. Regelmäßig kommt es bei Kontrollen zur Überschreitung des zulässigen Höchstgehaltes von 30 mg/kg. Kontrovers wird diskutiert, ob der Höchstgehalt für Kupfer aus der o. g. Verordnung herangezogen werden kann, um Kupfergehalte in der Rinderleber zu beurteilen, da Kupfer in Rinderleber auch aus der zulässigen Anwendung von Kupfer als Futtermittelzusatzstoff stammen kann. Hier wird seitens des BfR weiterhin Handlungsbedarf auf europäischer Ebene gesehen.

Derzeit finden im Ständigen Ausschuss, Sektion Tierernährung, Diskussionen zur Festsetzung von Höchstgehalten für Kupfer in tierischen Geweben statt. Das BfR empfiehlt, bei der Überprüfung der bestehenden Höchstgehalte für Rückstände von Kupfer (MRL) die Daten des Lebensmittel-Monitorings zu berücksichtigen. Physiologisch bedingt enthalten bestimmte Lebensmittel tierischer Herkunft der unterschiedlichen Tierarten hohe Gehalte an Kupfer (z. B. Leber und Niere von Rind und Schwein). Bei Daten aus dem Lebensmittel-Monitoring sind verschiedene Eintrittspfade von Kupfer in die Lebensmittelkette berücksichtigt (neben Futtermittel auch Tierarzneimittel und Biozide).

Für die toxikologische Bewertung von Kupferrückständen wurde die vorläufige maximal duldbare tägliche Aufnahmemenge (PMTDI) für Kupfer zugrunde gelegt, die von der JECFA, dem gemeinsamen FAO/WHO-Sachverständigenausschuss für Lebensmittelzusatzstoffe abgeleitet wurde. Danach liegt der PMTDI-Wert in einem Bereich von 0,05 mg/kg bis 0,5 mg/kg KG. Für die vorläufige maximale duldbare wöchentliche Aufnahme (PMTWI) ergibt sich eine Spanne von 0,35 mg/kg bis 3,5 mg/kg KG.

Im NRKP wurden im Jahre 2013 insgesamt 560 Proben auf Kupfer untersucht. Davon waren 162 Proben positiv (28,9 %).

Im Jahre 2013 wurden im Rahmen des NRKP insgesamt 52 Proben von Mastrindern, 17 Proben von Kälbern sowie 75 Proben von Kühen auf Kupfer untersucht.

Die Kupfergehalte in Lebern lagen bei 32 Proben von 52 Mastrindern (61,5 %), bei 53 von 75 Kühen (71,6 %) und

12 von 17 Kälbern (70,6 %) über dem zulässigen Höchstgehalt für Kupfer von 30 mg/kg in Bezug auf das Frischgewicht. Die gemessenen Gehalte für Kupfer in der Leber von Kälbern reichten von 77,2 mg/kg bis 365 mg/kg. Die in der Leber von Mastrindern gemessenen Kupfergehalte reichten von 30,7 bis 181 mg/kg. Die Kupfergehalte der Leber von Kühen reichten von 30,3 mg/kg bis 259 mg/kg.

Insgesamt wurden 333 Schweineproben auf Kupfer untersucht, von denen 58 positiv (17,4 %) waren.

Von den 333 Schweineproben lagen insgesamt 57 Leberproben (17,1 %) mit Kupfergehalten von 32,8 – 447 mg/kg und 1 Nierenprobe mit einem Kupfergehalt von 57 mg/kg über dem Höchstgehalt von 30 mg/kg für Kupfer.

Bei den 3 untersuchten Schaf- bzw. Ziegenproben wurden bei 3 Leberproben von Mastlämmern (100 %) Kupfergehalte gemessen, die über dem Höchstgehalt von 30 mg/kg lagen. Die entsprechenden Gehalte reichten von 48 mg/kg bis 68 mg/kg.

Bei auf Kupfer untersuchtem „sonstigen Geflügel" wies eine Entenleber einen Kupfergehalt von 62 mg/kg auf.

Von 39 auf Kupfer untersuchten Proben Wild, waren 3 Proben positiv (7,7 %). Dabei wies die Leberprobe eines Stücks Rotwild einen Kupfergehalt von 33,9 mg/kg auf, die Leberprobe eines Rehes hatte einen Kupfergehalt von 44 mg/kg. Das Muskelfleisch eines Wildschweines hatte einen Kupfergehalt von 6,1 mg/kg.

Im Gegensatz zu den nicht essenziellen Schwermetallen Cadmium, Quecksilber und Blei ist Kupfer ein lebenswichtiges Spurenelement, das von tierischen und pflanzlichen Organismen zur Steuerung des Metabolismus und zum Wachstum benötigt wird. Aus diesem Grund werden Kupfer und dessen Verbindungen auch als Futtermittelzusatzstoffe bei landwirtschaftlichen Nutztieren verwendet.

Das Spurenelement Kupfer ist als essenzieller Bestandteil vieler Enzyme und Co-Enzyme und als Co-Faktor von Metalloenzymen wichtig für den Hämoglobinaufbau und den Sauerstofftransport, für die Funktion von Gehirn und Nerven, den Aufbau von Knochen und Bindegewebe, der Pigmentierung von Haut und Haaren und das Immunsystem. Die antioxidative Wirkung von Kupfer schützt die Zellen vor dem schädigenden Einfluss von freien Radikalen.

Kupfer wird aus dem Magen und dem Darm absorbiert, die Absorptionsrate beträgt ca. 35 % bis 70 % und ist homöostatisch reguliert. Die Leber ist das zentrale Organ des Kupferstoffwechsels, in der Kupfer z. T. gespeichert wird. Hohe Kupfergehalte finden sich vor allem in der Leber und im Gehirn. Ausgeschieden wird Kupfer zu 80 % über die Galle.

Kupfer und dessen Verbindungen werden in der Landwirtschaft auch als Pflanzenschutzmittel verwendet. Die Durchführungsverordnung (EU) Nr. 540/2011 regelt die Anwendung von Kupferverbindungen als Bakterizid und Fungizid im Pflanzenschutz, wobei diese insbesondere im ökologischen Landbau und bei Sonderkulturen wie Wein, Hopfen und Obst verwendet werden. Die Applikation von Reinkupfer im ökologischen Landbau ist auf 6 kg/ha und Jahr reglementiert, diese Anwendung von kupferhaltigen Pflanzenschutzmitteln kann theoretisch über Futtermittel zu einer erhöhten Kupferexposition bei Nutztieren führen, ist aber aktuell vor allem aus Bodenschutzaspekten in der öffentlichen Diskussion.

Der tägliche Verzehr von Rinderleber (Monatsmittel) wird nach der NVS II/DISHES (alle Befragte) für einen deutschen Erwachsenen mit 0,017 g/kg KG angenommen (95. Perzentil des Verzehrs, hoher Verzehr), was einem wöchentlichen Verzehr von 0,119 g/kg KG entspricht. Beim Verzehr von 0,119 g Rinderleber pro kg KG mit einem Gehalt von maximal 181 mg Kupfer pro kg Leberfrischmasse würde ein Verbraucher wöchentlich 21,5 µg Kupfer pro kg KG aufnehmen und damit den PMTWI-Wert von 0,35 mg/kg bis 3,5 mg/kg KG zu 0,62 % bis 6,2 % ausschöpfen. Ein gesundheitliches Risiko für den Verbraucher mit hohem Verzehr ist bei einem solchen Befund unwahrscheinlich.

Kalbsleber gehört zu den selten verzehrten Lebensmitteln. Eine telefonische Befragung durch das BfR (Ehlscheid et al. 2014) ergab in Bezug auf die Ermittlung des Anteils von Verzehrern (bezogen auf die letzten 12 Monate) bei Leber vom Kalb, Schwein oder Rind lediglich einen Anteil von 41 % „Verzehrer", 37,1 % „Nicht-Verzehrern" und 21,9 % „noch nie Verzehrern". Bei Zugrundelegung des Mittelwertes des Verzehrs der Verzehrer (0,069 g/kg KG und Tag) führt der Verzehr von Kalbsleber mit einem Maximalgehalt von 365 mg Kupfer pro kg Frischgewicht zu einer Ausschöpfung des PMTDI-Wertes für Kupfer (0,05 mg/kg bis 0,5 mg/kg) von 5 % bis 50 %.

Nach den Daten der NVS II für den Verzehr von Schweineleber betrug das 95. Perzentil aller Befragten für die Langzeitaufnahme 0,075 g Leber pro kg KG und Tag. Dementsprechend wäre beim Verzehr von Schweineleber mit einem Höchstgehalt von 447 mg/kg den PMTDI-Wert für Kupfer (0,05 mg/kg bis 0,5 mg/kg) zu 6,7 % bis 67 % ausgeschöpft.

Lammleber gehört zu den selten verzehrten Lebensmitteln. Eine telefonische Befragung durch das BfR (Ehlscheid et al. 2014) ergab in Bezug auf die Ermittlung des Anteils von Verzehrern (bezogen auf die letzten 12 Monate) bei Leber von Lamm bzw. Schaf lediglich einen Anteil von 7,3 % „Verzehrern", demgegenüber 52,5 % „Nicht-Verzehrern" und 40,2 % „noch nie Verzehrern". Deshalb wird im Folgenden die Verzehrsmenge von Lamm- bzw. Schafleber zugrunde gelegt, die sich nur auf die „Verzehrer" bezieht; damit entspricht die Verzehrsmenge nicht dem Durchschnittsverzehr der Gesamtbevölkerung. An dieser Stelle muss betont werden, dass Expositionsschätzungen auf Basis geringer Anzahlen von Verzehrern mit großer Unsicherheit behaftet sind. Das 95. Perzentil (nur „Verzehrer") beträgt für Leber (Lamm) 0,110 g/kg und Tag. Beim Verzehr von Schafleber mit einem Höchstgehalt von 68 mg/kg wäre demnach der PMTDI-Wert für Kupfer (von 0,05 mg/kg bis 0,5 mg/kg) zu 1,5 % bis 15 % ausgeschöpft.

Entenleber wird nur von sehr wenigen Befragten verzehrt, deshalb gilt hier das für die Leber von Lamm/Schaf geschriebene. Die Verzehrsmenge in g/kg KG und Tag (aus DISHES, nur „Verzehrer") für Entenleber beträgt 0,075 g/kg KG und Tag bei Zugrundelegung des 95. Perzentils des Verzehrs. Der in Entenleber gemessene Kupfergehalt von 62 mg/kg führt demnach zu einer Ausschöpfung des PMTDI-Wertes für Kupfer (0,05 mg/kg bis 0,5 mg/kg) von 0,93 % bis 9,3 %.

Die Lebern von Rotwild (gemessener Kupfergehalt: 33,9 mg/kg) und die Lebern von Rehwild (gemessener Kupfergehalt: 44 mg/kg) gehören zu den extrem selten verzehrten Lebensmitteln. Dem BfR liegen keine Verzehrsdaten für diese Lebensmittel vor. Bei der telefonischen Befragung zu selten verzehrten Lebensmitteln gaben 49,7 % an, in den letzten 12 Monaten keine Leber oder Niere vom Wildschwein, Reh oder Hirsch verzehrt zu haben. Weitere 43,4 % gaben an, noch nie diese Lebensmittel verzehrt zu haben. 5,3 % der Befragten verzehrten 1- bis 5-mal pro Jahr diese Lebensmittel. Laut BLS entspricht eine Portionsgröße verschiedener Tierlebern 125 g, sodass unter Annahme dieser Portionsgröße und einem maximalen Verzehr von 5-mal pro Jahr sich bei einer Person mit 70 kg Körpergewicht eine mittlere Verzehrsmenge über ein Jahr von 0,024 g/kg KG und Tag ergibt. Diese Annahmen werden jeweils für Leber vom Wildschwein sowie Niere von Wildschwein, Rotwild und Damwild getroffen. Für den Verzehr von Leber von Rotwild mit einem Kupfergehalt von 33,9 mg/kg ergibt sich unter Zugrundelegung dieser Annahmen eine Ausschöpfung des PTMDI (0,05 mg/kg bis 0,5 mg/kg) von 0,2 % bis 2 %; für den Verzehr von Leber von Rehwild mit einem Kupfergehalt von 44 mg/kg ergibt sich unter Zugrundelegung dieser Annahmen eine Ausschöpfung des PTMDI (0,05 mg/kg bis 0,5 mg/kg) von 0,2 % bis 1,7 %.

Auch das Muskelfleisch vom Wildschwein gehört zu den selten verzehrten Lebensmitteln. Hier ergab eine telefonische Umfrage durch das BfR (Ehlscheid et al. 2014) einen Anteil an Verzehrern von 34,7 % (bezogen auf die letzten 12 Monate), der Anteil der Nicht-Verzehrer lag bei 43,3 % und der Anteil der noch nie Verzehrer lag bei 22,0 %. Zugrunde gelegt wurde hier das 95. Perzentil des Verzehrs, wobei nur die Verzehrer Berücksichtigung fanden. Das 95. Perzentil des Verzehrs für Muskulatur vom Wildschwein beträgt nach DISHES 0,170 g/kg KG und Tag; da hier nur die Verzehrer berücksichtigt wurden, entspricht dies nicht dem Durchschnittsverzehr der Gesamtbevölkerung. Der Verzehr von Muskelfleisch vom Wildschwein mit einem Kupfergehalt von 6,1 mg/kg führt zu einer Ausschöpfung des PMTDI-Wertes für Kupfer (0,05 mg/kg bis 0,5 mg/kg) von 0,21 % bis 2,1 %.

Ein gesundheitliches Risiko durch die Aufnahme von Kupfer für den Verbraucher mit durchschnittlichem Verzehr und hohem Verzehr ist bei den o. g. Befunden unwahrscheinlich.

Farbstoffe (Gruppe B3e)

Leukokristallviolett (Hauptmetabolit von Kristallviolett) sowie Gesamtkristallviolett (Summe aus Kristallviolett und Leukokristallviolett) wurde in 2 von 253 im Rahmen des NRKP auf diese Substanzen untersuchten Forellenproben mit Gehalten von 2,04 µg/kg bzw. 3,54 µg/kg nachgewiesen. Kristallviolett ist in der Verordnung (EU) Nr. 37/2010 der Kommission vom 22. Dezember 2009 nicht gelistet, daher ist der Einsatz bei lebensmittelliefernden Tieren nicht erlaubt. Bedingt durch die strukturelle Verwandtschaft zu Malachitgrün besitzt Kristallviolett ähnliche Eigenschaften. Es wird rasch absorbiert und zur Leukoform reduziert. Leukokristallviolett wird nur langsam aus dem Muskelgewebe abgebaut. Schuetze et al. (2008) publizierten, dass in Aalen aus dem Ablaufbereich von kommunalen Abwasserkläranlagen Konzentrationen von Leukokristallviolett von 6,7 µg/kg im Frischgewicht gefunden wurden.

Zur Langzeittoxizität von Kristallviolett sind nur sehr wenige Daten vorhanden. *In-vitro*-Studien haben gezeigt, dass Kristallviolett mutagene und klastogene Eigenschaften besitzt (Aidoo et al. 1990). Kristallviolett, auch Gentian Violet genannt ist wahrscheinlich genotoxisch und karzinogen. Da keine ausreichenden toxikologischen Daten vorliegen, kann derzeit keine Bewertung vorgenommen werden (Diamante et al. 2009).

Aufgrund des karzinogenen und mutagenen Potenzials von Kristallviolett bzw. Leukokristallviolett sollten Rückstände in Lebensmitteln auch in geringen Konzentrationen nicht vorhanden sein.

2.5 Zuständige Ministerien und oberste Landesveterinärbehörden

Bund

Bundesministerium für Ernährung und Landwirtschaft (BMEL)
Rochusstr. 1
53123 Bonn
poststelle@bmel.bund.de

Länder

Ministerium für Ländlichen Raum und Verbraucherschutz (MLR)
Kernerplatz 10
70182 Stuttgart
poststelle@mlr.bwl.de

Bayerisches Staatsministerium für Umwelt und Verbraucherschutz (StMUV)
Rosenkavalierplatz 2
81925 München
poststelle@stmug.bayern.de

Senatsverwaltung für Justiz und Verbraucherschutz (SENGUV)
Salzburger Straße 21
10825 Berlin
poststelle@senjv.berlin.de

Ministerium der Justiz und für Europa und Verbraucherschutz des Landes Brandenburg
Heinrich-Mann-Allee 107
14473 Potsdam
verbraucherschutz@mdjev.brandenburg.de

Senator für Gesundheit
Freie Hansestadt Bremen
Bahnhofsplatz 29
28195 Bremen
verbraucherschutz@gesundheit.bremen.de

Behörde für Gesundheit und Verbraucherschutz, Lebensmittelsicherheit und Veterinärwesen (BGV)
Billstraße 80
20539 Hamburg
gesundheit-verbraucherschutz@bgv.hamburg.de

Hessisches Ministerium für Umwelt, Klimaschutz, Landwirtschaft und Verbraucherschutz (HMUELV)
Mainzer Str. 80
65186 Wiesbaden
poststelle@hmuelv.hessen.de

Ministerium für Landwirtschaft, Umwelt und Verbraucherschutz Mecklenburg-Vorpommern
Paulshöher Weg 1
19061 Schwerin
poststelle@lu.mv-regierung.de

Niedersächsisches Ministerium für Ernährung, Landwirtschaft und Verbraucherschutz
Calenberger Str. 2
30169 Hannover
poststellen@ml.niedersachsen.de

Landesamt für Natur, Umwelt und Verbraucherschutz (LANUV)
Leibnizstraße 10
45659 Recklinghausen
poststelle@lanuv.nrw.de

Ministerium der Justiz und für Verbraucherschutz (MJV)
Ernst-Ludwig-Str. 6 – 8
55116 Mainz
verbraucherschutz@mjv.rlp.de

Ministerium für Gesundheit und Verbraucherschutz des Saarlandes (MGuV)
Ursulinenstraße 8 – 16
66111 Saarbrücken
veterinaerwesen@umwelt.saarland.de

Sächsisches Staatsministerium für Soziales und Verbraucherschutz
Albertstr. 10
01097 Dresden
poststelle@sms.sachsen.de

Ministerium für Arbeit und Soziales Sachsen-Anhalt
Turmschanzenstr. 25
39114 Magdeburg
lebensmittel@ms.sachsen-anhalt.de

Ministerium für Energiewende, Landwirtschaft, Umwelt und ländliche Räume
Schleswig-Holstein
Mercatorstr. 3
24106 Kiel
veterinaerwesen@melur.landsh.de

Thüringer Ministerium für Soziales, Familie und Gesundheit (TMSFG)
Werner-Seelenbinder-Str. 6
99096 Erfurt
poststelle@tmsfg.thueringen.de

2.6 Zuständige Untersuchungsämter und akkreditierte Labore

Baden Württemberg
- Chemisches und Veterinäruntersuchungsamt Freiburg
- Chemisches und Veterinäruntersuchungsamt Karlsruhe

Bayern
- Bayerisches Landesamt für Gesundheit und Lebensmittelsicherheit Oberschleißheim
- Bayerisches Landesamt für Gesundheit und Lebensmittelsicherheit Erlangen

Berlin
- Landeslabor Berlin-Brandenburg, Laborbereich Frankfurt (Oder)

Brandenburg
- Landeslabor Berlin-Brandenburg, Laborbereich Frankfurt (Oder)

Bremen
- Landesuntersuchungsamt für Chemie, Hygiene und Veterinärmedizin

Hamburg
- Institut für Hygiene und Umwelt

Hessen
- Hessisches Landeslabor, Standort Kassel
- Hessisches Landeslabor, Standort Gießen
- Hessisches Landeslabor, Standort Wiesbaden

Mecklenburg-Vorpommern
- Landesamt für Landwirtschaft, Lebensmittelsicherheit und Fischerei Mecklenburg-Vorpommern

Niedersachsen
- Niedersächsisches Landesamt für Verbraucherschutz und Lebensmittelsicherheit
  - Lebensmittel- und Veterinärinstitut Braunschweig/Hannover; Standort Hannover
  - Lebensmittel- und Veterinärinstitut Oldenburg, Dienststelle Martin-Niemöller-Straße
  - Lebensmittel- und Veterinärinstitut Oldenburg, Dienststelle Philosophenweg
  - Institut für Fische und Fischereierzeugnisse Cuxhaven
  - Rückstandskontrolldienst (als koordinierende Stelle für den Bereich NRKP)

Nordrhein-Westfalen
- Chemisches und Veterinäruntersuchungsamt Rhein-Ruhr-Wupper
- Chemisches und Veterinäruntersuchungsamt Münsterland-Emscher-Lippe
- Chemisches und Veterinäruntersuchungsamt Westfalen
- Chemisches und Veterinäruntersuchungsamt Ostwestfalen-Lippe

Rheinland-Pfalz
- Landesuntersuchungsamt Rheinland-Pfalz
  - Institut für Lebensmittel tierischer Herkunft Koblenz
  - Institut für Lebensmittelchemie Speyer
  - Institut für Lebensmittelchemie Trier

Saarland
- Landesamt für Verbraucherschutz (LAV)
  - Abteilung D – Veterinärmedizinische, mikro- und molekularbiologische Untersuchungen
  - Abteilung B – Lebensmittelchemische Untersuchungen

Sachsen
- Landesuntersuchungsanstalt für das Gesundheits- und Veterinärwesen Sachsen

Sachsen Anhalt
- Landesamt für Verbraucherschutz Sachsen Anhalt

Schleswig-Holstein
- Landeslabor Schleswig-Holstein

Thüringen
- Thüringer Landesamt für Verbraucherschutz

2.7 Erläuterung der Fachbegriffe

akarizid
Ektoparasiten der Ordnung Acari (Milben, Zecken) tötend

anaerobe Bakterien
Bakterien, die ohne Sauerstoff leben

Androgene
männliche Sexualhormone, die die Entwicklung der männlichen Geschlechtsorgane, der sekundären männlichen Geschlechtsmerkmale (z. B. den typisch männlichen Körperbau), die Reifung der Samenzellen, den Geschlechtstrieb u. a. bewirken

Antiemetikum
Erbrechen hemmender Wirkstoff

Antihistaminitum
Wirkstoff, der durch Anbindung an die Histaminrezeptoren die Histaminwirkung abschwächt und damit antiallergisch, antiphlogistisch und Juckreiz mildernd wirkt

Antiphlogistisch
entzündliche Reaktionen hemmend

bakteriostatisch
das Wachstum von Bakterien hemmend

bakterizid
Bakterien tötend

Epimer
spezielle Isomerieart → siehe Isomer

fetotoxisch
Frucht (Fötus) schädigend

fungizid
Pilze abtötend

genotoxisch
das genetische Zellmaterial schädigend

Hormone
(im engeren Sinne) physiologische Stoffe, die in spezifischen Organen oder Zellverbänden (endokrine Drüsen) gebildet werden, dort in die Blutbahn abgegeben werden und am Erfolgsorgan eine charakteristische Beeinflussung vornehmen. Die Hormonproduktion unterliegt einem Regelkreis, dessen Steuerorgan der Hypothalamus im Zwischenhirn ist.

immunsuppressiv/immuntoxisch
die Immunreaktion unterdrückend

insektizid
Insekten tötend

Isomer
chemische Verbindungen mit gleicher Summenformel, die sich jedoch in der Verknüpfung und der räumlichen Anordnung der einzelnen Atome unterscheiden, was zu abweichenden Eigenschaften führen kann

karzinogen/kanzerogen
krebserzeugend

Leukopenie (Leukozytopenie)
Mangel an weißen Blutkörperchen (Leukozyten) im Blut. Ursache kann eine verminderte Bildung durch herabgesetzte Knochenmarkfunktion oder ein erhöhter Verbrauch sein.

Metaphylaxe
Therapie in größeren Tierherden, in denen bei Behandlungsnotwendigkeit haltungstechnikbedingt jedes Tier unabhängig von seiner Behandlungswürdigkeit erreicht wird (z. B. Medikamentengabe bei Geflügel über Futter oder Tränkwasser)

MRL
Maximum Residue Limit (Rückstandshöchstmenge)

mutagen
Mutationen (Erbgutveränderungen) hervorrufend

Neuroleptisch
antriebs- und aggressionsmindernd, Verminderung der motorischen Aktivität

nephrotoxisch
die Niere schädigend

neurotoxisch
Nervenfasern und -zellen schädigend

Oozyste
Entwicklungsstadium von Sporozoea (Unterordnung Coccidia)

parenterale Applikation
Verabreichung z. B. eines Medikamentes unter Umgehung des Magen-Darm-Trakts

primäre Geschlechtsmerkmale
geschlechtsspezifische angeborene Form und Anordnung der äußeren und inneren Geschlechtsorgane

Protozoen
tierische Einzeller

sekundäre Geschlechtsmerkmale
zum Zeitpunkt der Pubertät entwickelte geschlechtsspezifische Eigenschaften und Einrichtungen, wie z. B. Gesäuge, Löwenmähne, Geweih oder auch Sexualverhalten

Sporulation
Bildung von Sporozysten und Sporozoiten in Oozysten (Reifung der Oozysten)

Streptomyceten
Bakteriengattung der Actinobacteria. Es handelt sich um grampositive Keime, die offensichtlich keine krankmachende Wirkung besitzen. Sie kommen hauptsächlich im Boden vor. Die von ihnen gebildeten Geosmine verleihen der Walderde den typischen Geruch.

Sympathomimetika
Arzneistoffe, die stimulierend auf den Sympathikus, einen Teil des vegetativen Nervensystems, wirken. Sie führen zu einer Erhöhung des Blutdruckes und der Herzfrequenz, einer Erweiterung der Atemwege und einer allgemeinen Leistungssteigerung.

teratogen
Missbildungen hervorrufend

Thrombopenie (Thrombozytopenie)
Mangel an Blutplättchen (Thrombozyten) im Blut. Ursache kann eine verminderte Bildung durch herabgesetzte Knochenmarkfunktion bzw. ein erhöhter Abbau oder Verbrauch, beispielsweise infolge von Entzündungen, Infektionskrankheiten oder Tumoren sein.

WHO-PCDD/F-TEQ
Summe der Toxizitätsäquivalente der insgesamt 17 toxikologisch wichtigsten Dioxine und Furane

WHO-PCDD/F-PCB-TEQ
Summe von WHO-PCDD/F-TEQ und WHO-PCB-TEQ, bezeichnet auch als Gesamt-Dioxinäquivalent

WHO-PCB-TEQ
Summe der Toxizitätsäquivalente der 12 dl-PCB

Literatur

Aidoo, A., Gao, N., Neft, R. E., et al. (1990). Evaluation of the genotoxicity of gentian violet in bacterial and mammalian cell systems. Teratogenesis, Carcinogenesis and Mitagenesis 10(6), 449 – 462.

BAuA, Ausschuss für Gefahrstoffe (2011). Begründung zu Chlorpromazin, Chlorpromazinhydrochlorid in TRGS 907. http://www.baua.de/de/Themen-von-A-Z/Gefahrstoffe/TRGS/pdf/907/907-chlorpromazin.pdf;jsessionid=027CDAD9C2DDD6393069F41B2ACC8AF7.1_cid353?__blob=publicationFile&v=1.

Berendsen, B., Pikkemaat, M., Romkens, P., et al. (2013). Occurrence of Chloramphenicol in Crops through Natural Production by Bacteria in Soil, *J. Agric. Food Chem.*, 61, 4004 – 4010.

BfR (2012). BfR-Modell zur Berechnung der Aufnahme von Pflanzenschutzmittel-Rückständen (NVS II-Modell und VELS-Modell), http://www.bfr.bund.de/cm/343/bfr-berechnungsmodell-zur-aufnahme-von-pflanzenschutzmittel-rueckstaenden-nvs2.zip.

BfR (2014). Toxikologische Bewertung von Chloramphenicol, Empfehlung der BfR-Kommission für Pharmakologisch wirksame Stoffe und Tierarzneimittel vom 20. März 2014. http://www.bfr.bund.de/cm/343/toxikologische-bewertung-von-chloramphenicol.pdf.

BgVV (2002a). Gesundheitliche Bewertung von Chloramphenicol (CAP) in Lebensmitteln, Stellungnahme des BgVV vom 10. Juni 2002. http://www.bfr.bund.de/cm/208/gesundheitliche_bewertung_von_chloramphenicol_cap_in_lebensmitteln.pdf.

BgVV (2002b). Nitrofurane in Lebensmitteln. Stellungnahme des BgVV vom 18. Juni 2002, http://www.bfr.bund.de/cm/208/nitrofurane_in_lebensmitteln.pdf.

BgVV (2002c). Gesundheitliche Bewertung von Nitrofuranen in Lebensmitteln. Stellungnahme des BgVV vom 15. Juli 2002. http://www.bfr.bund.de/cm/208/gesundheitliche_bewertung_von_nitrofuranen_in_lebensmitteln.pdf.

Blume, K., Lindtner, O., Heinemeyer, G., et al. (2010). Aufnahme von Umweltkontaminanten über Lebensmittel: Cadmium, Blei, Quecksilber, Dioxine und PCB; Ergebnisse des Forschungsprojektes LExUKon. Berlin, BfR, Fachgruppe Expositionsschätzung und -standardisierung, Abteilung Wissenschaftliche Querschnittsaufgaben. http://www.bfr.bund.de/cm/350/aufnahme_von_umweltkontaminanten_ueber_lebensmittel.pdf.

BMELV (2012). Interne Information zur Rechtsauffassung hinsichtlich der Bewertung von Kupfer an die Arbeitsgruppe für Fleisch- und Geflügelfleischhygiene und fachspezifische Fragen von Lebensmitteln tierischer Herkunft (AFFL) der LAV vom 16.11.2012.

DfG (1982). Hexachlorcyclohexan-Kontamination: Ursachen, Situation und Bewertung, Boldt. http://search.ebscohost.com/login.aspx?direct=true&db=edsbvb&AN=EDSBVB.BV000071246&site=eds-live&authtype=ip,cookie,uid.

DGAUM (2007). Leitlinien der Deutschen Gesellschaft für Arbeitsmedizin und Umweltmedizin e. V. http://www.uni-duesseldorf.de/AWMF/ll/002-022.htm.

Diamante, C., Bergfeld, W. F., Belsito, D. V., et al. (2009). Final report on the safety assessment of Basic Violet 1, Basic Violet 3, and Basic Violet 4. *Int J Toxicol*, 28(6 Suppl 2): 193S – 204S.

DIN EN ISO/IEC 17025 (2005). Allgemeine Anforderungen an die Kompetenz von Prüf- und Kalibrierlaboratorien, Beuth Verlag Berlin.

EFSA (2005). Opinion of the Scientific Panel on Contaminants in the Food chain on a Request from the Commission related to the Presence of non dioxin-like Polychlorinated Biphenyls (PCB) in Feed and Food, *EFSA Journal*, 284: 1 – 137.

EFSA (2008). Calculation model PRIMO for chronic and acute risk assessment – rev.2_0. http://www.efsa.europa.eu/en/mrls/docs/calculationacutechronic_2.xls.

EFSA (2009). Scientific Opinion of the Panel on Contaminants in the Food Chain on a request from the European Commission on cadmium in food, *EFSA Journal*, 980: 1 – 139.

EFSA (2010). Scientific Opinion on Lead in Food, *EFSA Journal*, 8(4): 1570.

EFSA (2011a). Reasoned opinion of EFSA: Setting of temporary MRLs for nicotine in tea, herbal infusions, spices, rose hips and fresh herbs, *EFSA Journal*, 9(3): 2098.

EFSA (2011b). Review of the existing maximum residue levels (MRLs) for prosul-focarb according to Article 12 of Regulation (EC) No 396/2005, *EFSA Journal*, 9(8): 2346.

EFSA (2014). Scientific Opinion on Chloramphenicol in food and feed, The *EFSA Journal*, 2014; 12(11):3907. http://www.efsa.europa.eu/de/efsajournal/pub/3907.htm.

Ehlscheid, N., Lindtner, O., Berg, K., et al. (2014). Selten verzehrte Lebensmittel in der Risikobewertung. Ergebnisse einer Telefonbefragung in Deutschland. Proceedings of the German Nutrition Society 19.

EMEA (1995). Committee for veterinary medicinal products, Oxytetracycline, Chlortetracycline, Tetracycline, Summary report (3). http://www.ema.europa.eu/docs/en_GB/document_library/Maximum_Residue_Limits_-_Report/2009/11/WC500015378.pdf.

EMEA (1997a). Committee for veterinary medicinal products, Metronidazole, Summary report, EMEA/MRL/173/96-FINAL. http://www.ema.europa.eu/docs/en_GB/document_library/Maximum_Residue_Limits_-_Report/2009/11/WC500015087.pdf.

EMEA (1997b). Committee for veterinary medicinal products, Doxycyclin, Summary report (2). http://www.ema.europa.eu/docs/en_GB/document_library/Maximum_Residue_Limits_-_Report/2009/11/WC500013941.pdf.

EMEA (2000). Committee for Medicinal Products for Veterinary Use,Flunixin (Extension to horses), Summary Report (2). http://www.ema.europa.eu/docs/en_GB/document_library/Maximum_Residue_Limits_-_Report/2009/11/WC500014325.pdf.

EMEA (2001). Committee for Medicinal Products for Veterinary Use,Gentamicin, Summary Report (3). http://www.ema.europa.eu/docs/en_GB/document_library/Maximum_Residue_Limits_-_Report/2009/11/WC500014350.pdf.

EMEA (2002a). Committee for Medicinal Products for Veterinary Use, Enrofloxacin, (Extension to all food producing species), Summary Report (5). http://www.ema.europa.eu/docs/en_GB/document_library/Maximum_Residue_Limits_-_Report/2009/11/WC500014151.pdf.

EMEA (2002b). Committee for Medicinal Products for Veterinary Use, Trimethoprim (Extension to all food producing species), Summary Report (3). http://www.ema.europa.eu/docs/en_GB/document_library/Maximum_Residue_Limits_-_Report/2009/11/WC500015682.pdf.

Berichte zur Lebensmittelsicherheit 2013, BVL-Reporte, DOI 10.1007/978-3-319-20858-9,

EMEA (2002c). Committee for Medicinal Products for Veterinary Use, Tylosin, (Extension to all food producing species), Summary Report (5). http://www.ema.europa.eu/docs/en_GB/document_library/Maximum_Residue_Limits_-_Report/2009/11/WC500015767.pdf.

EMEA (2002d). Committee for Medicinal Products for Veterinary Use, Xylazine hydrochloride (Extension to dairy cows), Summary report (2).
http://www.ema.europa.eu/docs/en_GB/document_library/Maximum_Residue_Limits_-_Report/2009/11/WC500015367.pdf.

EMEA (2003). Committee for Medicinal Products for Veterinary Use, Metamizole, Summary report (2). http://www.ema.europa.eu/docs/en_GB/document_library/Maximum_Residue_Limits_-_Report/2009/11/WC500015055.pdf.

EMEA (2004a). Committee for Medicinal Products for Veterinary Use, Dexamethasone, (Extrapolation to goats), Summary report (3).
http://www.ema.europa.eu/docs/en_GB/document_library/Maximum_Residue_Limits_-_Report/2009/11/WC500013655.pdf.

EMEA (2004b). Committee for medicinal products for veterinary use, Toltrazuril, Summary re-port (4).
http://www.ema.europa.eu/docs/en_GB/document_library/Maximum_Residue_Limits_-_Report/2009/11/WC500015632.pdf.

EMEA (2005). Committee for Veterinary Medical Products. Lasalocid sodium, Summary Report. http://www.ema.europa.eu/docs/en_GB/document_library/Maximum_Residue_Limits_-_Report/2009/11/WC500014596.pdf.

EMEA (2006). Committee for Medicinal Products for Veterinary Use, Meloxicam (extrapolation to rabbits and goats), Summary report (7). http://www.ema.europa.eu/docs/en_GB/document_library/Maximum_Residue_Limits_-_Report/2009/11/WC500014965.pdf.

FAO/WHO (2011a). Evaluation of certain food additives and contaminants: seventy-third report of the Joint FAO/WHO Expert Committee on Food Additives, (Geneva, 8 – 17 June 2010), World Health Organization 2011. http://whqlibdoc.who.int/trs/WHO_TRS_960_eng.pdf.

FAO/WHO (2011b). Residue evaluation of certain veterinary drugs, Joint FAO WHO Expert Committee on Food Additives; 75th meeting, Rome, Italy, 8 - 17 November 2011. Rome, Food and Agriculture Organization of the United Nations. http://www.fao.org/fileadmin/user_upload/agns/pdf/JECFA_Monograph_12.pdf.

FAO/WHO (2011c). Safety evaluation of certain contaminants in food. Rome; Geneva, Food and Agriculture Organization of the United Nations, World Health Organization. 63 (JECFA monographs; 8). http://whqlibdoc.who.int/publications/2011/9789241660631_eng.pdf.

GERMAP (2012). Bericht über den Antibiotikaverbrauch und die Verbreitung von Antibiotikaresistenzen in der Human- und Veterinärmedizin in Deutschland. http://www.bvl.bund.de/SharedDocs/Downloads/05_Tierarzneimittel/germap2012.html;jsessionid=6BE918E1F6A61F62118D72F8E40265B3.2_cid332.

JECFA (1994). JECFA Evaluation: Summary of Evaluations Performed by the Joint FAO/WHO Expert Committee on Food Additives, Sulfamidine/Sulfamethazine.
http://www.inchem.org/documents/jecfa/jeceval/jec_2212.htm.

JMPR (1994). Pesticide residues in food, 1994: Report of the joint meeting of the FAO panel of experts on pesticide residues in food and the environment and the WHO expert group on pesticide residues Rome, 19-28 September 1994. Rome, FAO. http://www.fao.org/fileadmin/templates/agphome/documents/Pests_Pesticides/JMPR/Reports_1991-2006/Report1994.pdf.

JMPR (2000). Pesticide residues in food, 2000: Report of the Joint Meeting of the FAO Panel of Experts on Pesticide Residues in Food and the Environment and the WHO Core Assessment Group on Pesticide Residues, Geneva, Switzerland, 20-29 September 2000, Rome, Food and Agriculture Organization of the United Nations. http://www.fao.org/fileadmin/templates/agphome/documents/Pests_Pesticides/JMPR/Reports_1991-2006/Report__2000.pdf.

JMPR (2002). Pesticide residues in food, 2002: Report of the Joint Meeting of the FAO Panel of Experts on Pesticide Residues in Food and the Environment and the WHO Core Assessment Group on Pesticide Residues, Rome, 16-25 September 2002. Rome, FAO. http://www.fao.org/fileadmin/templates/agphome/documents/Pests_Pesticides/JMPR/Reports_1991-2006/Report_2002.pdf.

Löscher, W., Ungemach, F. R., Kroker, R. (2010). Pharmakotherapie bei Haus- und Nutztieren, 8. Aufl. Enke Verlag, Stuttgart.

Macholz, R., Lewerenz, H.-J. (Hrsg.) (1989). Lebensmitteltoxikologie. Springer-Verlag Berlin, Heidelberg, New York, London, Paris, Tokio.

MRI (2008). Nationale Verzehrsstudie II (NVS II), Ergebnisbericht 1 und 2. http://www.mri.bund.de/NationaleVerzehrsstudie.

SCAN (1982). Report of the Scientific Committee for Animal Nutrition on the Use of Lerbek in Feedstuffs for Poultry. http://ec.europa.eu/food/fs/sc/oldcomm6/antibiotics/20_en.pdf.

SCF (2001). Opinion of the Scientific Committee on Food on the risk assessment of dioxins and dioxin-like PCBs in Food. http://ec.europa.eu/food/fs/sc/scf/out90_en.pdf.

Schenkel, H. (1990). Zum Stoffwechselverhalten von Cadmium bei landwirtschaftlichen Nutztieren: III. Mitteilung: Pferde, Übersichten Tierernährung 18: 247 – 262.

Schuetze, A., Heberer, T. & Juergensen, S. (2008). Occurrence of residues of the veterinary drug crystal (gentian) violet in wild eels caught downstream from municipal sewage treatment plants, Environmental Chemistry 5(3): 194 – 199.

Souci, S. W., Fachmann, W., Kraut, H. & Deutsche Forschungsanstalt für Lebensmittelchemie (2004). Der kleine Souci-Fachmann-Kraut: Lebensmitteltabelle für die Praxis, Stuttgart, WVG, Wissenschaftliche Verlagsgesellschaft.

Umweltbundesamt (UBA) (2011). Aktualisierung der Stoffmonographie Cadmium – Referenz-und Human-Biomonitoring (HBM)-Werte. http://www.umweltbundesamt.de/dokument/aktualisierte-stoffmonographie-cadmium.

Umweltdatenbank/Umwelt-Lexikon. http://www.umweltdatenbank.de/lexikon/index.htm.

US HHS (2013). US Department of Health and Human Services, Public Health service, Agency for Toxic Substances and Disease Registry: Draft Toxicological profile for hexachlorobenzene. http://www.atsdr.cdc.gov/toxprofiles/tp90.pdf.

Verordnung (EG) Nr. 613/98 der Kommission vom 18. März 1998 zur Änderung der Anhänge II, III und IV der Verordnung (EWG) Nr. 2377/90 des Rates zur Schaffung eines Gemeinschaftsverfahrens für die Festsetzung von Höchstmengen für Tierarzneimittelrückstände in Nahrungsmitteln tierischen Ursprungs; ABl. L 82, S. 14.

Verordnung (EG) Nr. 1334/2003 der Kommission vom 25. Juli 2003 zur Änderung der Bedingungen für die Zulassung einer Reihe von zur Gruppe der Spurenelemente zählenden Futtermittelzusatzstoffen; ABl. L 187, S. 11.

Verordnung (EG) Nr. 1831/2003 des Europäischen Parlaments und des Rates vom 22. September 2003 über Zusatzstoffe zur Verwendung in der Tierernährung; ABl. L 268, S. 29.

Durchführungsverordnung (EU) Nr. 19/2014 der Kommission vom 10. Januar 2014 zur Änderung des Anhangs der Verordnung (EU) Nr. 37/2010 über pharmakologisch wirksame Stoffe und ihre Einstufung hinsichtlich der Rückstandshöchstmengen in Lebensmitteln tierischen Ursprungs in Bezug auf Chloroform; ABl. L 8, S. 18.

VIS – Verbraucherinformationssystem Bayern (2008), Hrsg.: Bayerisches Staatsministerium für Umwelt, Gesundheit und Verbraucherschutz. http://www.vis.bayern.de/ernaehrung/lebensmittelsicherheit/unerwuenschte_stoffe/mykotoxine.htm.

Printed in the United States
By Bookmasters

Printed in the United States
by Baker & Taylor Publisher Services